稀土调控钛酸铋钠电畴结构及储能特性

张利文 卢春晓 李雍 著

吉林大学出版社
·长春·

图书在版编目（CIP）数据

稀土调控钛酸铋钠电畴结构及储能特性 / 张利文，卢春晓，李雍著. -- 长春：吉林大学出版社，2023.12
ISBN 978-7-5768-3058-3

Ⅰ. ①稀… Ⅱ. ①张… ②卢… ③李… Ⅲ. ①钛酸盐—弛豫铁电体—铁电陶瓷 Ⅳ. ①TM282

中国国家版本馆CIP数据核字(2023)第256238号

书　　名：稀土调控钛酸铋钠电畴结构及储能特性
XITU TIAOKONG TAISUANBINA DIANCHOU JIEGOU JI CHUNENG TEXING

作　　者：张利文　卢春晓　李雍
策划编辑：刘守秀
责任编辑：刘守秀
责任校对：魏丹丹
装帧设计：刘　瑜
出版发行：吉林大学出版社
社　　址：长春市人民大街4059号
邮政编码：130021
发行电话：0431-89580028/29/21
网　　址：http://www.jlup.com.cn
电子邮箱：jldxcbs@sina.com
印　　刷：吉林省极限印务有限公司
开　　本：787mm×1092mm　1/16
印　　张：11.25
字　　数：180千字
版　　次：2023年12月　第1版
印　　次：2023年12月　第1次
书　　号：ISBN 978-7-5768-3058-3
定　　价：60.00元

版权所有　翻印必究

前　言

21世纪以来，脉冲功率技术在能源电子领域得到了广泛应用。其中，电子元器件作为脉冲功率技术的载体，正朝向微型化、集成化、多功能化方向发展。目前，主流的储能电子设备有电池、电化学电容器、介电电容器等。电池的储能密度较高，但是由于其充电时间较长、放电速度慢，使得电池在实际应用中受到很多限制。电化学电容器拥有比电池更高的功率密度，在电力设备、交通运输领域都有应用，但是其制备工艺复杂、制备原料昂贵，成为产业化的弊端。因此，介电电容器凭借超高的功率密度、超快的充/放电速率在众多储能设备中脱颖而出。同时，在众多电介质材料中，介电陶瓷由于具备优秀的热稳定性、抗疲劳特性，成为很多高校科研人员研究的热点材料，但是其储能密度较低。因此，研究并开发具有高储能密度的介电陶瓷材料具有重要意义。

介电陶瓷电容器由介质层(电介质材料)、电极层和端电极三部分组成，而介质层的储能性能则直接决定了介电陶瓷电容器的储能性能。目前主流研究的电介质材料主要有线性电介质、铁电体、反铁电体、弛豫铁电体四种材料。而弛豫铁电体由于高的饱和极化强度、低的剩余极化强度和高击穿场强，在达到高储能性能方面有很大潜力。$(Bi_{0.5}Na_{0.5})TiO_3$(NBT)基材料是21世纪被广泛研究的无铅铁电体系。其Bi离子孤对电子的存在，导致NBT具有强的极化能力，且可与弛豫体固溶形成新的弛豫铁电体。同时NBT的居里温度较高(320 ℃)，可在较宽温区内进行工作。此外NBT制备工艺简单，工艺容错率高，适合产业化生产。因此，NBT基材料是一种非常有潜力的电容器介质材料。目前，对NBT基材料的研究主要集中在$(Bi_{0.5}Na_{0.5})TiO_3$-$BaTiO_3$(NBT-BT)、$(Bi_{0.5}Na_{0.5})TiO_3$-$KNbO_3$(NBT-KN)和$(Bi_{0.5}Na_{0.5})TiO_3$-$SrTiO_3$(NBT-ST)体系。研究人员多采用组分调控与制备工艺优化的方法来改善NBT基材料的储能性能，但这些方法并非从材料本征结构上入手，其改善储能性能的效果具有很大的随机性，对NBT基铁电材料并不具有普遍意义。因此，人们亟需确立材料本征结构与储能行为间的内在关联，从本质结构上对铁电材料储能性能进行精准调控。

本书基于以上科学事实，结合作者的研究工作，参考相关领域重要文献撰写而成。书中以 NBT-ST 弛豫铁电陶瓷为研究对象，以稀土掺杂为手段，凭借稀土元素特殊的电子结构特征，以期通过稀土元素与 NBT-ST 弛豫铁电材料中其他元素的电子轨道耦合、离子半径失配等，实现对电畴结构的裁剪。同时，基于不同的电畴结构及其微区电学性能，建立电畴结构与饱和极化、剩余极化及击穿场强间的内在联系，从而实现对储能行为的调控。优化出最佳的储能陶瓷组分，再通过印刷电极、热压叠层、样品烧结等工艺制备介电陶瓷电容器，并研究其储能性能与充放电性能，为储能陶瓷电容器在脉冲功率器件中的应用提供理论指导。

本书共分九章，前言由李雍撰写，第 2～7 章(约 11.5 万字)由张利文撰写，第 1，8，9 章(约 6.5 万字)由卢春晓撰写。卢春晓对全稿进行整理，李雍对全稿进行规划、设计及校对。本书的研究工作得到了内蒙古科技大学材料与冶金学院、分析测试中心和稀土产业学院各位领导和同仁的大力支持，并得到中央引导地方科技发展资金项目(2021ZY0008)、内蒙古自然科学基金重大项目(2019ZD12)、鄂尔多斯市科技合作重大专项(2021EEDSCXQDFZ014)和内蒙古自治区高等学校科学研究项目(NJZ723054)的资助，在此表示衷心的感谢。

由于作者的理论水平与实际经验有限，书中难免有疏漏之处，恳请读者批评指正。

李 雍

2023 年 10 月

目　录

第1章　绪　　论 ·· 1
　1.1　引　言 ·· 1
　1.2　电介质电容器的概述 ·· 2
　　　1.2.1　电介质电容器储能原理 ··· 2
　　　1.2.2　电介质电容器结构 ··· 3
　1.3　影响陶瓷储能性能的重要因素 ··· 4
　　　1.3.1　极化强度 ··· 4
　　　1.3.2　介电系数 ··· 5
　　　1.3.3　介电损耗 ··· 6
　　　1.3.4　击穿场强 ··· 7
　　　1.3.5　致密度和气孔 ··· 8
　　　1.3.6　储能密度和储能效率 ·· 9
　1.4　目前具有发展前景的电介质储能材料 ································ 9
　　　1.4.1　线性电介质材料 ··· 10
　　　1.4.2　铁电材料 ·· 11
　　　1.4.3　反铁电材料 ··· 12
　　　1.4.4　弛豫铁电材料 ·· 13
　1.5　无铅弛豫铁电材料结构及性质 ······································· 14
　　　1.5.1　无铅弛豫铁电体发展历程 ···································· 14
　　　1.5.2　无铅弛豫铁电体结构特点 ···································· 14
　　　1.5.3　钛酸铋钠基无铅弛豫铁电陶瓷的基本特征 ·············· 15
　　　1.5.4　钛酸铋钠基弛豫铁电陶瓷的储能现状 ··················· 17

1.5.5　钛酸铋钠基铁电 MLCC 的储能现状 …………………… 19

参考文献 ……………………………………………………………… 20

第 2 章　NBT 基陶瓷及多层电容器的制备与表征 ……………… 38

2.1　前　言 ……………………………………………………… 38

2.2　NBT 基流延陶瓷制备工艺 ………………………………… 38

2.2.1　陶瓷粉体制备 ………………………………………… 39
2.2.2　陶瓷浆料制备 ………………………………………… 40
2.2.3　流延工艺 ……………………………………………… 41
2.2.4　热处理工艺 …………………………………………… 41

2.3　NBT 基 MLCC 的制备流程 ………………………………… 42

2.3.1　MLCC 的成型 ………………………………………… 42
2.3.2　MLCC 热处理及电极制备 …………………………… 43

2.4　结构表征和性能测试 ………………………………………… 43

2.4.1　密度测试 ……………………………………………… 43
2.4.2　物相分析 ……………………………………………… 43
2.4.3　微观结构表征 ………………………………………… 44
2.4.4　介电性能测试 ………………………………………… 44
2.4.5　击穿性能测试 ………………………………………… 44
2.4.6　阻抗性能测试 ………………………………………… 45
2.4.7　电滞回线测试 ………………………………………… 46
2.4.8　间接储能计算 ………………………………………… 46
2.4.9　直接储能测试 ………………………………………… 47

参考文献 ……………………………………………………………… 49

第 3 章　NBT-SLT 陶瓷储能特性 ………………………………… 52

3.1　NBT-SLT 陶瓷的微观结构 ………………………………… 52
3.2　NBT-SLT 陶瓷的电学性能 ………………………………… 54
3.3　NBT-SLT 陶瓷的储能性能 ………………………………… 57

3.4 本章小结 ·· 60
参考文献 ·· 60

第4章 NBT-SNT 陶瓷储能特性 ·· 63
4.1 NBT-SNT 陶瓷的微观结构 ·· 63
4.2 NBT-SNT 陶瓷的电学性能 ·· 66
4.3 NBT-SNT 陶瓷的储能性能 ·· 68
4.4 本章小结 ·· 72
参考文献 ·· 73

第5章 NBT-SST 陶瓷储能特性 ·· 77
5.1 NBT-SST 陶瓷的微观结构 ·· 77
5.2 NBT-SST 陶瓷的电学性能 ·· 79
5.3 NBT-SST 陶瓷的储能性能 ·· 82
5.4 本章小结 ·· 87
参考文献 ·· 87

第6章 NBT-ST-LMZ 陶瓷储能性能 ······································ 91
6.1 $(1-x)$NBT-xST 陶瓷的微观结构 ····································· 91
6.2 $(1-x)$NBT-xST 陶瓷的介电性能及储能性能 ······················· 93
6.3 $(1-x)$(NBT-ST)-xLMZ 陶瓷的微观结构 ··························· 96
6.4 $(1-x)$(NBT-ST)-xLMZ 陶瓷的电学性能 ··························· 98
6.5 $(1-x)$(NBT-ST)-xLMZ 陶瓷的储能性能 ··························· 103
6.6 本章小结 ··· 108
参考文献 ··· 109

第7章 NBT-SLT-xBMN 陶瓷及多层陶瓷电容器
储能性能 ·· 112
7.1 烧结温度对 NBT-SLT-BMN 陶瓷微观结构的影响 ············· 112
7.2 烧结温度对 NBT-SLT-BMN 陶瓷电学性能的影响 ············· 115
7.3 烧结温度对 NBT-SLT-BMN 陶瓷储能性能的影响 ············· 117

7.4 BMN 含量对 NBT-SLT-xBMN 陶瓷微观结构的影响 …………… 121

7.5 BMN 含量对 NBT-SLT-xBMN 陶瓷电学性能的影响 …………… 124

7.6 BMN 含量对 NBT-SLT-xBMN 陶瓷储能性能的影响 …………… 129

7.7 0.88(NBT-SLT)-0.12BMN 多层陶瓷电容器的储能

性能研究 ……………………………………………………………… 133

  7.7.1 0.88(NBT-SLT)-0.12BMN 多层陶瓷电容器的

    微观结构 …………………………………………………… 133

  7.7.2 0.88(NBT-SLT)-0.12BMN 多层陶瓷电容器的

    储能性能 …………………………………………………… 134

7.8 本章小结 ………………………………………………………… 137

参考文献 …………………………………………………………… 138

第 8 章 NBT-SST-LMN 陶瓷及电容器储能特性 ……………… 143

8.1 $(1-x)$(NBT-SST)-xLMN 陶瓷的微观结构 …………………… 144

8.2 $(1-x)$(NBT-SST)-xLMN 陶瓷的电学性能 …………………… 146

8.3 $(1-x)$(NBT-SST)-xLMN 陶瓷的储能性能 …………………… 150

8.4 0.97(0.5NBT-0.5SST)-0.03LMN 双层陶瓷电容器 …………… 156

8.5 本章小结 ………………………………………………………… 158

参考文献 …………………………………………………………… 159

第 9 章 0.85(NBT-ST)-0.15LMZ 多层陶瓷电容器

储能性能 …………………………………………………………… 161

9.1 NBT-ST-0.15LMZ 多层陶瓷电容器的微观结构 ……………… 161

9.2 NBT-ST-0.15LMZ 多层陶瓷电容器的储能性能 ……………… 163

9.3 NBT-ST-0.15LMZ 多层陶瓷电容器的抗疲劳特性 …………… 168

9.4 本章小结 ………………………………………………………… 168

参考文献 …………………………………………………………… 169

第 1 章 绪　　论

1.1 引　　言

随着人类社会的向前发展，能源的过度消耗成为人类社会可持续发展的一大障碍。因此，发展环保的、高效的可再生能源成为首要任务。为了人类社会的可持续发展，进入 21 世纪以来，脉冲功率技术在能源电子领域得到了广泛应用。其中，电子元器件作为脉冲功率技术的载体，正朝向微型化、集成化、多功能化方向发展。如图 1.1 所示，目前主流的储能电子设备有电池、电化学电容器、介电电容器等[1-11]。电池的储能密度较高，但是其充电时间较长、放电速度慢，使得电池在实际应用中受到很多限制[12-13]。而电化学电容器虽然拥有比电池更高的功率密度，在电力设备、交通运输领域都有应用，但是其制备工艺复杂、制备原料昂贵，成为产业化的弊端。因此，介电电容器由于其超高的功率密度、超快的充/放电速率在众多储能设备中脱颖而出[14-19]。同时，在众多可用来做介电电容器的材料中，介电陶瓷由于具备优秀的热稳定性、抗疲劳特性，成为很多高校科研人员研究的热点材料，但是其储能密度较低[20-24]。因此，研究并开发具有高储能密度的介电陶瓷电容器具有重要意义[25-34]。

介电陶瓷电容器由介质层（电介质材料）、电极层和端电极三部分组成，而介质层的储能性能与介电陶瓷电容器的储能性能有直接关系。介质层储能性能的高低直接影响介电陶瓷电容器储能性能的优劣。目前主流研究的电介质材料主要有线性电介质、铁电体、反铁电体、弛豫铁电体四种材料。而弛豫铁电体由于高的饱和极化强度、低的剩余极化强度和高击穿场强，在达到高储能性能方面有很大潜力。钛酸铋钠（NBT）在不同温度下拥有丰富的相变，可通过组分调控获得弛豫铁电体，是目前最具发展潜力的弛豫铁电储能材料之一。

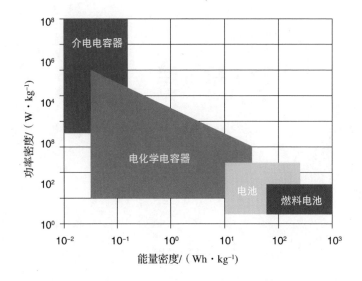

图 1.1　各种储能设备的能量密度与功率密度关系图

1.2　电介质电容器的概述

1.2.1　电介质电容器储能原理

电介质电容器储能原理是由于电介质的自发极化在外电场的作用下将电能转化为静电能，电荷进行存储与释放。图 1.2 所示为电介质的极化原理示意图。在一定温度范围内，电介质内部正负电荷中心不重合，形成偶极矩，呈现极性，产生自发极化。在外电场作用下，电介质材料的感应偶极矩重新取向，并在垂直于电场方向的表面产生束缚电荷。材料表面的束缚电荷与极板的电荷符号相反。束缚电荷形成的内电场称为退极化场。退极化场的产生削弱了自由电荷形成的电场。根据公式 $U=Ed$，外加电压 U 与两极板间距 d 不变，电场 E 也保持不变。电介质电容器也被不断充电直至两端电压与外加电压相等，至此充电完成。当外加电场去除后，电介质电容器的静电能对负载输出做功，直到放电彻底完成[35-38]。

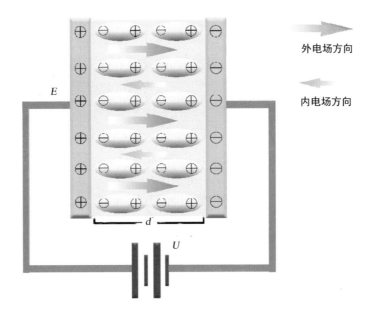

图 1.2 电介质材料的极化原理示意图

1.2.2 电介质电容器结构

近年来,为了满足高功率、快速充放电速率的电子设备的应用需求,研究者们通过重重关卡,克服了许多技术难题,制备出多层陶瓷电容器(multilayer ceramic capacitor,MLCC)。MLCC 通过浆料制备、流延成型、丝网印刷、层压、烧结和封端等一系列工艺步骤制作而成。这种制造技术是以实验室成功制备为基础,再用于商业生产制造的先进技术。MLCC 广泛应用于移动电话、手提电脑和自动汽车等。开发基于铅基和无铅材料的先进高能量密度 MLCC,可以促进混合动力电动汽车的研发,因为这些能源汽车需要更高的可释放储能密度 W_{rec} 和工作温区。同时,研究者们也研发了许多低成本的内电极来满足高储能性能器件的需求。

MLCC 是由多个并联的单层电介质电容器组成的,主要包括端电极、介电层和内电极这三部分[39-46]。图 1.3 表示 MLCC 的结构设计示意图。电容器储存电荷的能力称为电容(C)。计算公式如下所示[47-49]:

$$C = \frac{\varepsilon_r \varepsilon_0 A}{d} \tag{1.1}$$

其中：ε_r 代表相对介电常数；ε_0 代表真空介电常数，约为 8.85×10^{-12} F/m；A 代表电极的有效面积；d 代表介质层的厚度。结合公式可知，在进行 MLCC 的结构设计时，通常通过减少介电材料单层厚度来提高击穿场强，从而获得很大的储能密度。通过设计 A/d 值较大的几何结构，增加内部电极的层数来增大 MLCC 的电容或是减小电容器体积等来满足脉冲功率系统小型化、轻量化的要求。

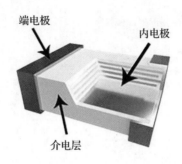

图 1.3 MLCC 结构设计示意图

对于 MLCC 来说，整个电容器最终的储能性能决定于介质层的性能和电极层与介质层之间的适配性。介质层要求整体结构致密，薄厚均匀且厚度基本保持在 10 μm 甚至更小。电极层需和介质层的烧结收缩率保持匹配，避免因烧结收缩不均产生内部电极断裂。此外，对于端电极则要求其与内电极的导电性匹配。当三者能够完美匹配时，就可以获得具有良好储能性能和稳定性的 MLCC。

1.3 影响陶瓷储能性能的重要因素

1.3.1 极化强度

在外加电场作用下，电介质内部产生极化，极化强度就是反映电介质变化的物理量。通常用 P 来表示。如果用电偶极矩的概念来表述与极化强度的关系，在电介质材料内部选取某一体积元 ΔV，在没有外加电场作用时，体积元

ΔV 内的偶极矩矢量和 $\sum p$ 分量为零，电介质内部不产生极化。有外加电场作用时，体积元 ΔV 内的偶极矩矢量和 $\sum p$ 分量不等于零。此时的极化强度 P 定义为

$$P = \frac{\sum p}{\sum V} \tag{1.2}$$

极化强度为体积元的偶极矩矢量和，单位为 $\mu C/cm^2$。

在外加电场作用下，电介质内部会产生极化。从微观角度看，介质极化有三种形成方式[50-52]。

(1) 电子位移极化。

在电场作用下，组成电介质的原子或离子的正负电荷中心不重合，因此产生感应偶极矩，称为电子位移极化。

(2) 离子位移极化。

在电场作用下，组成电介质的正负离子产生相对位移，由于电介质正负离子的距离改变而产生的感应偶极矩，称为离子位移极化。

(3) 取向极化。

组成电介质的分子由于具有固有偶极矩而成为有极分子，在没有外加电场作用时，这些固有偶极矩的取向是沿各个方向的，整个电介质的偶极矩之和为零。在外加电场作用下，这些固有偶极矩的取向沿着电场方向排列。这种由于固有偶极矩发生转向而在电介质中产生的极化，称为取向极化。

1.3.2 介电系数

通常用电介质材料在电场作用下极化能力大小之和来解释介电常数。电介质材料在电场作用下，电介质内部正负电荷中心偏离原位置，形成偶极子。同时在电场作用下偶极子移动到电介质材料表面，聚集电荷进行储能。介电系数 ε_r、极化强度 P 和储能密度 W 的表达式：

$$P = \varepsilon_0 \cdot (\varepsilon_r - 1) E \tag{1.3}$$

$$D = \varepsilon_0 \cdot \varepsilon_r \cdot E \tag{1.4}$$

$$W = \int_0^{D_{max}} E \, dP \tag{1.5}$$

$$W = \int_0^{P\max} E \, \mathrm{d}P \qquad (1.6)$$

其中：ε_0 为真空下的介电系数；E 为电场强度；D 为电位移矢量；$D_{\max}$ 和 $P_{\max}$ 分别为击穿电场下的电位移值和极化强度值。从以上公式可以看出，介电系数 ε_r 和电场 E 越大，极化强度 P 才能越大，储能密度 W 才能越高。而介电常数在不同类型的介电陶瓷材料中，也是不同的，这种差异主要是由于这些材料的内部极化机制不同。通常电介质的极化机制分为三种：电子极化（原子核外电子云畸变极化）、离子极化（分子中的正负离子相对位移式极化）、偶极子取向极化（分子固有的转向极化）。其中，电子极化和离子极化是电介质内部的质点在电场作用下，正负电荷中心分离产生偶极矩的过程。偶极子取向极化是极性电介质在外加电场下产生极化的过程[53-56]。

1.3.3 介电损耗

电介质陶瓷材料在外电场作用下，将一部分电能转变为热能的物理过程，称为电介质的损耗。通常用损耗角正切值 $\tan\delta$ 衡量介电损耗的大小。介电陶瓷材料的损耗分为四种：电导损耗、电离损耗、极化损耗和结构损耗。

(1) 电导损耗。

电介质陶瓷材料在外加电场下会产生漏电流，从而引起的能量损耗称为电导损耗。同时，电介质材料的温度越高，其电导损耗也越大。减小电导损耗的方式是增强电介质材料的绝缘性。

(2) 电离损耗。

由于陶瓷内部不可避免地存在气孔，气孔内的气体在外加电场作用下被电离，同时产生能量损耗，这种损耗称为电离损耗。减小电离损耗的方式是提升介电陶瓷的致密度。

(3) 极化损耗。

极化损耗是介电陶瓷储能测试时产生的损耗，是影响陶瓷性能最主要的损耗。大部分的陶瓷材料由于在外加电场下产生极化滞后，从而消耗一部分能量。减小极化损耗的方式是掺杂元素、引入新组元以及采用先进的陶瓷制备技术。

(4) 结构损耗。

结构损耗与介电陶瓷的制备方法密切相关。制备的介电陶瓷结构越致密，损耗越小。

由德拜弛豫理论可得,介电系数的复数形式、损耗角正切值和损耗因子可表示为

$$\varepsilon = \varepsilon' - i\varepsilon'' \qquad (1.7)$$

$$\tan\delta = \varepsilon''/\varepsilon' \qquad (1.8)$$

$$\varepsilon'' = \varepsilon'\tan\delta \qquad (1.9)$$

其中,$\varepsilon'\tan\delta$ 称为损耗因子。电介质材料在电场作用下,介电损耗增大,储能密度就会减少。同时,随着电荷能量在材料表面积累,材料本身温度升高,损耗的能量增加,进而影响储能材料的使用寿命。所以,对于电介质储能材料来说,介电损耗越低,储能效率越高,对储能密度的提高越有利[57]。

1.3.4 击穿场强

当外加电场增加到相当强时,电介质材料的电导就不服从欧姆定律了。随着电场继续增加到某一临界值时,电导率急剧增加,电介质材料丧失其固有的绝缘性,成为导体,这种现象称为电介质的击穿。击穿强度用 BDS 表示。介电击穿强度是当介电材料受到大的外部电场时电阻急剧下降的最大电场。介电击穿强度与介电材料的固有带隙密切相关,并且会受到外在因素的显著影响,例如样品厚度、致密程度、晶粒尺寸、缺陷化学、测试持续时间、电极配置以及环境条件(温度、压力、湿度等)等。

根据电介质绝缘性破坏的原因,电介质材料的介电失效机制分为电击穿、热击穿和电化学击穿三类。

1. 电击穿

电介质在强电场下会出现电子电导,使得电介质内部的传导电流增加,从而令电介质失去绝缘性能。在电场作用下电介质被破坏的现象称为电击穿。通过提高电介质材料的电阻率,可以提高其击穿场强,避免电击穿。

2. 热击穿

电介质在电场作用下产生介电损耗,这部分损耗以热的形式耗散掉,耗散的热量散入周围媒介,在一定的外加电场强度作用下,电介质与外界均保持着热量平衡。当外加电场强度增加到一定程度时,通过电介质内部的电流增加,电介质内部的发热量就会增大。当外加电场强度增加所导致的电介质内部发热量大于电介质散耗的能量时,电介质内部的结构就会发生热破坏,使得电介质

丧失原有的绝缘特性。这种击穿方式就称为热击穿。电介质的热击穿与其本身结构特性、周围环境温度和散热条件均有关。通过先进的电介质陶瓷制备工艺，获得细小的晶粒尺寸和致密的陶瓷密度，也可以提高其击穿场强，进而避免热击穿的影响。

3. 电化学击穿

而对于电化学击穿，主要是由于电介质材料在长期的使用过程中受到电、光、热以及周围媒质的影响，使得电介质产生化学变化，电学性能发生不可逆的破坏，最终被击穿，在击穿工程上称为老化。在有机电介质中，这种击穿方式经常发生。例如有机电介质变僵硬或者变成黏稠状等，这些都是有机电介质发生电化学击穿的宏观表现。对于介电陶瓷材料来说，这种化学击穿方式不是特别常见。因此，在电介质储能材料的使用过程中，应尽量不接触这类损伤电介质材料本身的物质，减小电介质材料的损失，从而利于提高电介质材料的击穿强度[58-63]。

1.3.5 致密度和气孔

陶瓷材料的致密度在电学性能中扮演重要角色，特别是对于 BDS。高致密度的陶瓷往往能够支撑起高的电场强度，使其接近于固有的或者理论上的 BDS。相比之下，低致密度的陶瓷内部存在多种导电通路。这些导电通路由气孔和孔隙组成，这些气孔/孔隙能使陶瓷在较低的电场强度下产生短路电流。基于"平板"模型的孔隙电压与外部电场强度之间的关系如下式所示：

$$V_c = \frac{V_{ext}}{\left[1 + \frac{\varepsilon_c}{\varepsilon_d}\left(\frac{t_d}{t_c} - 1\right)\right]} \quad (1.10)$$

式中：V_c 表示穿过孔隙的施加电压；V_{ext} 表示外施加电压；ε_c 和 ε_d 分别表示孔洞和介电体的介电常数；t_c 和 t_d 分别表示孔洞和介电体的厚度。因此，对于拥有大的气孔和气孔体积的陶瓷材料，随着外加电压增加，其局部电场强度显著增加，导致陶瓷材料具有较低的 BDS[64-66]。

电子陶瓷材料高的致密度通常通过烧结方法进行优化。包括烧结温度/时间和升温、降温速率。一般通过传统的固相烧结法是很难获得高致密度的电子陶瓷材料的。例如可以通过添加烧结助剂来使陶瓷致密化。使用不同的烧结技术，例如电火花烧结技术(SPS)、两步烧结法以及使用化学方法进行涂层等方法，来增加电子陶瓷材料的致密度，进一步提升其击穿场强与储能密度。

1.3.6 储能密度和储能效率

电介质材料单位体积储存能量的大小称为电介质的储能密度。如图 1.4 所示，浅色和深色部分阴影面积之和为总的储能密度 W_{total}，其中深色部分阴影面积为可释放的储能密度 W_{rec}，由于在实际运用中，电介质材料在外加电场下存在滞后效应，所有储存的能量不能全部释放出来，会存在一部分的能量损耗。因此浅色部分阴影面积为能量损耗 W_{loss}。可释放储能密度与总储能密度之比为储能效率 η。储能效率 η 是与储能密度同等重要的参数。因为耗散的能量会导致电介质材料内部产生热量和温度升高，从而危及电容器的可靠性和使用寿命。因此，为了提高电介质材料的可释放储能密度，须减小能量损耗 W_{loss}，增加储能效率 η [67-68]。

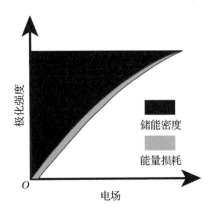

图 1.4 电介质材料储能与损耗示意图

1.4 目前具有发展前景的电介质储能材料

多层陶瓷电容器(MLCC)主要由介质层、电极层和端电极构成。其中多层陶瓷电容器储能性能的大小取决于介质层储能性能的高低。因此，研究开发高储能密度的电介质材料成为首要目标。基于介电系数 ε_r 与外电场 E 的关系，迄今为止,主要研究并被广泛用于静电储能应用的电介质储能材料分为:线性电介质(LD)、铁电体(FE)、反铁电体(AFE)以及弛豫铁电(RFE)材料[69-72]。图1.5为相应四种电介质储能材料的 ε_r-E 回线、电滞回线(P-E 电滞回线)和畴结构示意图。其中深色面积表示可释放储能密度,浅色面积表示损耗的能量。

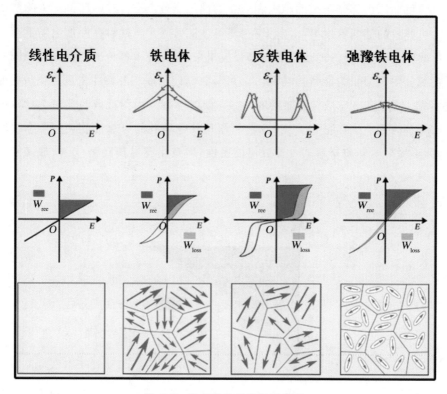

图1.5 电介质的分类及其特性

1.4.1 线性电介质材料

对于LD材料,其ε_r是独立于电场强度的,导致极化强度随电场强度呈线性增长的趋势。因此可以得到LD材料的储能表达式:

$$W = \frac{1}{2}\varepsilon_r\varepsilon_0 E^2 \tag{1.11}$$

由式(1.11)可以看出,提高LD材料的介电系数和电场强度,可以有效提高其储能密度。其中最常见的LD材料有钛酸锶$SrTiO_3$(ST)和钛酸钙$CaTiO_3$

(CT)[73-81]。ST 在室温下为顺电态,居里温度较低。ST 较高的击穿强度,导致其在线性储能体系被广泛研究。Wang 等通过探索 ST 陶瓷中 Sr/Ti 非化学计量比对 ST 结构的影响,获得高的储能密度 1.21 J/cm³ 和高的击穿场强 283 kV/cm[82]。Wang 等通过掺杂 Ta^{5+} 调控材料的电阻率和势垒高度,在 360 kV/cm 的击穿场强下,储能密度和储能效率分别为 2 J/cm³ 和 96%[83]。CT 和 ST 类似,具有不稳定的铁电性,介电系数随着温度降低而增加。CT 的极化是由于 Ti 和 O 的耦合,而 Ti 在施加外电场时,由于在氧八面体中没有间隙存在,导致其几乎不发生位移,因此 CT 具有低的 P_{max} 和介电损耗。CT 的高击穿场强也在储能材料领域发挥重要作用。例如,Zhou 等通过制备的 $CaTiO_3$ 获得 435 kV/cm 的击穿场强和 1.5 J/cm³ 的储能密度[84]。Zhou 等研究人员利用锆取代 $CaTiO_3$ 中的钛离子,来优化其储能性能,获得了 2.7 J/cm³ 的最大储能密度[85]。Pu 等在 $Ca_{0.5}Sr_{0.5}TiO_3$ 中掺杂锆离子来增加氧空位细化晶粒,最终获得 3.37 J/cm³ 的储能密度和 96% 的效率[86]。从以上 LD 材料的储能性能可以看出,它们的高击穿电场和低介电损耗,对储能密度的提高是有利的,但是其低的介电系数,使得极化强度在外加电场下增长缓慢,导致 LD 材料的可释放储能密度的增加受到很大限制。

1.4.2 铁电材料

大的铁电畴和强的介电非线性是 FE 材料的典型特征。在未施加电场时,FE 材料内部存在大的铁电畴且方向随机分布,产生自发极化。当外施加的电场大于矫顽场(E_c)时,大铁电畴的方向随电场方向发生翻转,改变其自发极化方向,导致高的 P_{max}。同时由于其内部的畴壁的紧压,需要一个大的反向电场才能实现零极化。铁电宏畴翻转会损耗一部分能量,在去除外施加电场时,铁电畴难以全部快速翻转回原来的位置,只有部分翻转回初始状态,导致 FE 材料拥有较大的剩余极化、矫顽场和高介电损耗[87-97]。$BaTiO_3$(BT)是目前研究最广泛的 FE 陶瓷材料。BT 在室温下是长程有序铁电畴的常规铁电体,较低的电场就能使铁电畴达到饱和,导致纯 BT 材料具有低击穿场强。而去除电场时,铁电畴翻转导致能量损耗,因此 BT 材料的电滞回线呈现高的 P_{max}、P_r 和 $\tan\delta$。其中高 P_r 和 $\tan\delta$ 对 BT 陶瓷储能性能的提高是不利的,故而很多研究者对 BT 材料进行离子、氧化物掺杂和优化制备工艺。例如,Zhou 等研究人员在 BT 中掺杂

Bi(Ni$_{2/3}$Nb$_{1/3}$)O$_3$ 合成 0.88BT-0.12BNN 陶瓷,在 200 kV/cm 的电场强度下获得 2.09 J/cm^3 的储能密度和 95.9% 的储能效率[98]。Liu 等通过轧膜法陶瓷制备工艺,使 BT-SBT-L-VPP 陶瓷具有 400 kV/cm 的击穿场强和 3.54 J/cm^3 的储能密度[99]。Dong 等将 ZnO 引入 Ba$_{0.3}$Sr$_{0.7}$TiO$_3$ 陶瓷中,通过细化晶粒,获得 40 kV/mm 的击穿场强和 3.9 J/cm^3 的储能密度[100]。由研究人员的研究可以看出,虽然 FE 材料的介电系数高,随着电场强度的增加,导致饱和极化强度较高,但是电致伸缩导致微裂纹的增加,损耗的能量也逐渐递增,同时剩余极化强度较大,导致可释放储能密度减小。

1.4.3 反铁电材料

对于 AFE 材料,双电滞回线是它的固有形状。美国物理学家 Kittel 等研究者首次提出反铁电体这个概念,这是由于 AFE 材料在电场作用下存在 AFE-FE 的相变。在没有外加电场时,AFE 材料由于具有反向平行偶极子,没有强的极化现象,宏观自发极化为零,并且 P_r 为零。当外加电场增大到相变电场以下时,AFE 材料的极化强度随电场强度增加,呈线性增加趋势,同时 P_r 很小。当电场强度高于相变电场时,偶极子由最初的反向排列诱导为沿着与外电场相同的方向,P-E 电滞回线呈现 FE 特征,饱和极化强度最大化。当电场去除后,偶极子又恢复到初始反向状态,完成从 FE 到 AFE 的相转变,P_r 几乎为零。AFE 材料的高 P_{max}、BDS,几乎为零的 P_r,使得 AFE 材料成为优异的储能材料之一[101-115]。例如,Zhang 等通过添加 Zr^{4+} 对 (Pb$_{0.97}$La$_{0.02}$)(Zr$_x$Sn$_{0.945-x}$Ti$_{0.055}$O$_3$)(PLZST)储能陶瓷性能产生影响,由于 Zr^{4+} 取代 Sn^{4+},降低了 PLZST 的容忍因子,获得了 4.38 J/cm^3 的储能密度[116]。Zhang 等通过电火花烧结法制备了 (Pb$_{0.858}$Ba$_{0.1}$La$_{0.02}$Y$_{0.008}$)(Zr$_{0.65}$Sn$_{0.3}$Ti$_{0.05}$)O$_3$-(Pb$_{0.97}$La$_{0.02}$)(Zr$_{0.9}$Sn$_{0.05}$Ti$_{0.05}$)O$_3$ 陶瓷,可释放储能密度达到 6.4 J/cm^3 [117]。Liu 等通过 Sr 掺杂 (Pb$_{0.98-x}$La$_{0.02}$Sr$_x$)(Zr$_{0.9}$Sn$_{0.1}$)$_{0.995}$O$_3$ 陶瓷,提高了 AFE 的稳定性。同时 Sr^{2+} 的掺入导致了 AFE 材料的多重相变,延缓了相转变电场,增加了介电击穿强度。该陶瓷的储能密度达到 11.2 J/cm^3,效率为 82.2%[118]。从铅基 AFE 储能陶瓷研究中可以看出,AFE 材料中的相邻偶极子是反向平行排列的,具有独特的双电滞回线,宏观上自发极化强度为零,对外加电场具有快的介电响应,拥有较高的饱和极化强度和极低的剩余极化强度,显示出巨大的储能潜能,这类材料是适合做高储能器件的。但是其相变过程中出现的滞后效应,导致了低的储能效率 η。同时场致应变也引起电致应变,致使 AFE 陶瓷材料产生微裂纹和缺陷,进而影响陶瓷的机械性能和使用寿命等。而且其结构中含有铅(Pb),众所周知,铅元素在高温下会挥发。特别是含铅的电子设备,在长时间的充放电过程中,产生热量,致使 Pb 元素挥发,对人类社会和自然环境会造成不可估量的污染。因此,为了保护人类身体健康和环境,储能元器件的研究要向人类和环境友好型方向发展。

1.4.4 弛豫铁电材料

如图 1.5 所示,细长的 P-E 电滞回线是 RFE 的标准特征。RFE 也被称为具有弥散相变的 FE。与 FE 类似,但又与 FE 不同,RFE 内部不存在宏观畴,由于 A/B 位不同阳离子的引入,产生随机电场,打破长程有序,形成极性纳米畴(PNRs)。PNRs 对外加电场的介电响应比宏观畴快很多,导致去除外电场时,PNRs 能立刻翻转回原来的状态,P_r 和 E_c 维持在很低的水平[119-120]。因此 RFE 表现出细长的 P-E 电滞回线,这有利于其获得高储能密度和效率[121-136]。例如,Zhang 等将 $Bi(Zn_{0.5}Zr_{0.5})O_3$(BZZ)引入 $(K_{0.5}Na_{0.5})NbO_3$(KNN)陶瓷中,增强了 KNN 基陶瓷的弛豫行为和击穿强度,获得了 $3.5\ J/cm^3$ 的可释放储能密度和 86.8% 的储能效率[137]。Hu 等成功制备了 $(1-x)(0.84Bi_{0.5}Na_{0.5}TiO_3$-$0.16K_{0.5}Bi_{0.5}TiO_3)$-$xBi_{0.2}Sr_{0.7}TiO_3$ 弛豫铁电陶瓷,应用有序-无序理论来解释弛豫铁电陶瓷的高储能性能,最终获得的 W_{rec} 为 $4.06\ J/cm^3$,η 为 87.3%[138]。Qi 等研究者在 $(1-x)Bi_{0.5}Na_{0.5}TiO_3$-$xNaNbO_3$(BNT-$x$NN)陶瓷中掺入了烧结助剂 $BaCu(B_2O_5)$,细化了晶粒尺寸,获得了 $390\ kV/cm$ 的高击穿场强。在 $NaNbO_3$ 的掺杂比 $x=0.22$ 时,得到了可释放储能密度 W_{rec} 为 $7.02\ J/cm^3$,储能效率 η 为 85%[139]。由以上的 RFE 材料研究表明,RFE 材料存在短程有序的极性纳米畴(PNRs),在外加电场下具有更高的极化率。同时随电场强度变化,PNRs 翻转反应更快,使得剩余极化强度更低。通过铁电分析仪测得 RFE 材料的电滞回线细长,损耗小,更加利于储能密度的提高。同时,随着电容器市场应用和尖端储能领域的发展,对介电陶瓷电容器的综合性能提出了更高的要求[140-145]。综合以上四种电介质储能材料,由于 RFE 具有较高的储能密度和效率,同时 RFE 材料的介电常数在较大温度范围内保持稳定,以应对和适应不同的外界环境。所以 RFE 材料更适合作为电子储能器件的候选材料。而对于 RFE 材料,目前国内外做了大量的研究工作。其中钛酸铋钠基(NBT)弛豫铁电体的储能行为研究比较广泛。因此,本书在上述弛豫铁电体的基础上,针对如何提高其可释放储能密度进行深入研究。

1.5 无铅弛豫铁电材料结构及性质

1.5.1 无铅弛豫铁电体发展历程

弛豫铁电材料是指具有弥散性铁电-顺电相变的一类特殊铁电材料,1961年苏联科学家 Smolenskii 在铌镁酸铅单晶中发现一种新的现象——弛豫现象,随后科研人员在一系列铅基固溶材料中发现了类似的介电特征,至此产生了弛豫铁电材料的概念。但由于人们环保意识的增强以及材料科学的发展,环境友好的无铅弛豫铁电材料逐渐成为人们关注的重点。因此,1961 年 Smolenskii 首次合成出钛酸铋钠($Na_{0.5}Bi_{0.5}TiO_3$,简称 NBT)材料并报道了其压电特性,是无铅弛豫铁电材料发展的开端[146]。近年来,由于其不仅对环境友好而且在合成过程中无须气氛控制,NBT 基无铅弛豫铁电材料受到了越来越多学者的关注。自1961 年以来,依托无铅弛豫铁电材料制备发展的 MLCC 和电致伸缩器件等同样得到了广泛研究,现代电子信息技术的高速发展,同样也推动着无铅弛豫型铁电材料的开发和应用。

1.5.2 无铅弛豫铁电体结构特点

目前,无铅弛豫铁电体研究最为广泛的体系有钛酸钡($BaTiO_3$)体系、钛酸铋钠($Na_{0.5}Bi_{0.5}TiO_3$)体系和铌酸钠钾($K_{0.5}Na_{0.5}NbO_3$)体系。这三种体系均为钙钛矿(ABO_3)结构,其具体的结构示意图如图 1.6 所示。A 位离子处于晶胞立方体的顶点位置,一般为低电价且离子半径大的阳离子,O^{2-} 处于晶胞立方体面心位置,B 位离子处于晶胞立方体的体心位置,一般为高电价且离子半径小的阳离子。钙钛矿结构依靠六个氧离子结合形成氧八面体,此时 A 位处于氧八面体间隙,B 位处于氧八面体体心位置[147-149]。

对于具有钙钛矿结构的材料来说,理论上其 A,B 位离子应满足如下关系[150-152]:

$$R_A + R_B = \sqrt{2}(R_B + R_O) \tag{1.12}$$

式中,R_A、R_B 和 R_O 分别对应上述各位置的离子半径。然而,当引入其他组元进行离子掺杂时,A,B 位离子被取代,此时钙钛矿结构发生畸变,为了保证结构稳定性,引入容差因子 t 对所引入离子进行限制,具体公式如下:

$$R_A + R_B = t\sqrt{2}(R_B + R_O) \tag{1.13}$$

为使得钙钛矿结构稳定,t 的范围应保持在 0.9~1.1 之间,$t=1$ 表明此时整个结构为理想的钙钛矿结构。一般,铁电材料的容差因子 $t>1$,并且 t 值越大铁电性越强[153]。因此,对于钙钛矿结构来说,结合其本身所具有的畸变特性,可以通过对 A,B 位引入不同半径的阳离子来对其结构进行调节,构建 ABO_3 的复合结构,以此来优化其储能性能[154-156]。

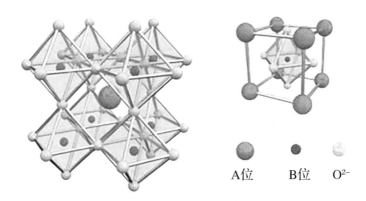

图 1.6 钙钛矿晶体结构

1.5.3 钛酸铋钠基无铅弛豫铁电陶瓷的基本特征

钛酸铋钠材料(NBT)自 20 世纪 60 年代被发现以来,一直受到广泛关注。NBT 是 A 位被 Bi^{3+} 和 Na^+ 复合取代的钙钛矿结构,在室温下表现出铁电性,同时在介电温谱中可以看到两个扩散介电峰[157-162]。研究人员重点研究了 NBT 的相结构、转变过程以及弛豫特征,但仍然有很多争议存在。其中被广泛接受的理论是,在室温下 NBT 的结构表现为带有反向 $a^-a^-a^-$ 八面体倾斜的菱方对称 $R3c$ 相,以及 Bi^{3+}、Na^+ 和 Ti^{4+} 沿着[111]晶向平行取代。但是认为 NBT 的结

构是空间群 Cc 的单斜结构的观点也被研究者提出。随后的研究表明,由于菱方相存在局部结构和应变非均匀性,是一种平均的单斜结构。极化能够消除结构的不均匀性,同时建立一个长程菱方紊乱的相,此过程在加热条件下是可逆的。NBT 的相转变过程是复杂的。温度低于 200 ℃时,NBT 相结构为 $R3c$,具有强的铁电相。第一段相变出现在 200 ℃。因为这一阶段 P-E 电滞回线逐渐变细瘦,P_r 急剧减少,同时此温度被定义为去极化温度(T_d)。如图 1.7 所示,大约在 320 ℃时,NBT 转变到四方对称 $P4bm$ 的顺电相。$P4bm$ 对称表现出同相 $a^0a^0c^+$ 八面体倾斜。当温度大于 320 ℃时,NBT 为四方顺电相;当温度增加到 520 ℃时,晶体结构转变为立方 $Pm3m$;温度高于 520 ℃时为立方相,具有相变弥散化,是弛豫特征之一[163-166]。同时 NBT 中 Bi^{3+} 和 Pb^{2+} 具有相似的 $6s^2$ 电子对构型以及 O 2p 轨道杂化,具有较大的 P_{max},在实现高储能电容器方面具有巨大优势。NBT 还具有高的居里温度(T_m = 320 ℃),较大的剩余极化(P_r = 32 $\mu C/cm^2$)和矫顽场(E_c = 73 kV/cm)。钛酸铋钠(NBT)作为弛豫铁电体,在微观上表现出极性纳米区(PNR),宏观上显示为顺电相特征。与 FE 材料不同,NBT 基弛豫铁电体在介电温谱响应的表现为明显的介电色散。同时介电常数峰 T_m 随频率增大向高温方向移动,所引起的频移称为频率色散。第二个特征是介电展宽行为,即弛豫铁电体在某个温度范围内进行铁电体向顺电相的转变,在介电温谱中表现为介电峰发生明显的展宽且变得平坦。最后一个特征是符合修正的居里-外斯定律(Curie-Weiss law)[167]:

$$\frac{1}{\varepsilon'} - \frac{1}{\varepsilon'_m} = \frac{(T - T_m)^\gamma}{C} \tag{1.14}$$

式中:ε 表示介电常数;T_m 代表最大的介电常数对应的温度;C 为居里-外斯定律的常数;γ 表示材料的弛豫度,$1 \leqslant \gamma \leqslant 2$,$\gamma$ 越接近 1,弛豫性越弱,铁电性越强,γ 越接近 2,弛豫性越强,铁电性越弱。由于 NBT 具有丰富的相结构,使得 NBT 铁电体通过掺杂调控可得到弛豫铁电体,结合有序-无序理论,在 NBT 弛豫铁电体内部形成极性纳米畴(PNRs),PNRs 的存在使得 NBT 陶瓷具有极快的介电响应,在实现高储能密度方面具有重要作用。虽然如此,目前纯 NBT 陶瓷有很多的缺陷,击穿场强太低。同时较大的剩余极化强度和矫顽场,也是阻碍 NBT 陶瓷实现高储能密度的问题。因此,为了优化 NBT 陶瓷的电学性能,目前围绕 NBT 基弛豫铁电储能材料的研究,大多从两个方面进行。第一个是引入不同组元,离子进行性能优化;第二个是改进制备工艺。最终目的都是使 NBT 基储能

材料具有高的 P_{max}、BDS 和低的 P_r，实现超高储能密度和储能效率。

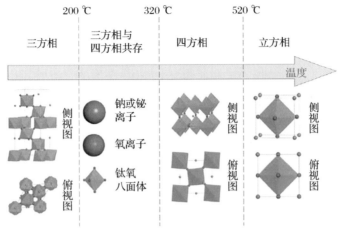

图 1.7　NBT 陶瓷的晶体结构随温度变化

1.5.4　钛酸铋钠基弛豫铁电陶瓷的储能现状

$Na_{0.5}Bi_{0.5}TiO_3$ 作为目前最受欢迎的无铅弛豫铁电材料之一，NBT 在室温下有强的铁电性，以及相对高的居里温度（320 ℃）。但是其大的剩余极化强度（32 $\mu C/cm^2$）、矫顽场（73 kV/cm）和低储能效率仍然是阻碍 NBT 获得高储能的主要因素。

对于 NBT 基的储能研究，NBT 基的离子和多元体系掺杂有大量的研究。例如，Ma 等在 NBT-24SST 陶瓷中掺杂反铁电 $AgNbO_3$（AN），使得 NBT-ST-5AN 组分减小了剩余极化强度和提高了击穿强度，在 120 kV/cm 下获得 2.03 J/cm^3 的可释放储能密度[168]。Qiao 等利用固相反应法将 $Sr_{0.2}Bi_{0.7}TiO_3$（SBT）引入 NBT 陶瓷中，在 0.6NBT-0.4SBT 陶瓷体系中获得 2.2 J/cm^3 的储能密度和 160 kV/cm 的击穿场强[169]。对于 $(1-x)$NBT-xST 陶瓷，通过比例调控获得的弛豫铁电体，其极化强度在较低的电场强度下由于较大的介电可调谐性就趋于饱和，难以获得高的 W_{rec}。因此为了延缓极化强度过早饱和，在 NBT-ST 组分陶瓷中掺杂 Sn^{4+}，产生局部应变和氧八面体紊乱，随着 Sn^{4+} 含量的增加，$(Na_{0.25}Bi_{0.25}Sr_{0.5})(Ti_{1-x}Sn_x)O_3$ 组分陶瓷的极化强度的饱和变缓，储能效率达到 90%，储能密度为 3.4 J/cm^3[170]。众所周知，NBT 在 200 ℃（T_s）与 320 ℃（T_m）之间有一个弛豫特征。Qiao 等用 La^{3+} 取代 NBT-ST 组分的 Sr^{2+} 位点，成功地将NBT陶瓷的T_s降低到室温下,其P_r得到减小,并且增强了陶瓷的弛豫特性[171]。同时La^{3+}的引入也抑制了陶瓷的晶粒尺寸,延缓了陶瓷的极化强度的过早饱和。在$(1-x)$NBT-xSLT组分陶瓷中,x含量为0.45时,获得的陶瓷具有4.14 J/cm^3的W_{rec}和92.2%的η[171]。另外,缺陷工程也是一种提高储能性能的有效手段。Yan等通过Bi过量和Na不足的缺陷工程来减少$0.75Bi_{(0.5+x)}Na_{(0.5-x)}TiO_3$-$0.25SrTiO_3$(BNST-$x$)组分陶瓷的氧空位的产生。缺陷工程通过调节Bi/Na比率来减少氧空位的产生,从而抑制晶粒尺寸长大,提高击穿场强。最终获得5.63 J/cm^3的W_{rec}和94%的η[172]。对于NBT体系,低击穿场强是导致储能密度难以提高的关键因素。如图1.8所示,Li等提出利用晶粒模板生长法来控制NBT-SBT体系的晶粒取向,通过减小由电场作用而产生的电致应变,进一步通过减小陶瓷材料内部微裂纹产生的概率来提高击穿场强,从而获得超高的储能密度。基于这一想法,该组制备出沿<111>晶向生长的$0.55(Na_{0.5}Bi_{0.5})TiO_3$-$0.45(Sr_{0.2}Bi_{0.7})TiO_3$织构陶瓷,储能密度可达到21 J/$cm^3$,这是目前使用技术最先进,且储能最高的介电陶瓷[173]。

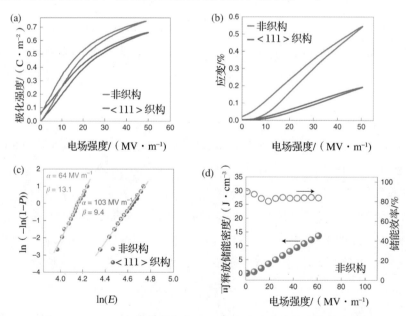

图1.8 <111>织构与非织构NBT-SBT多层陶瓷的电场致应变、击穿强度和储能性能的综合比较

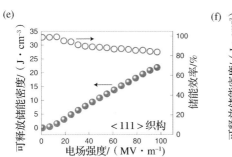
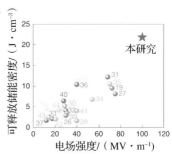

图 1.8 <111>织构与非织构 NBT-SBT 多层陶瓷的电场致应变、
击穿强度和储能性能的综合比较(续)

1.5.5 钛酸铋钠基铁电 MLCC 的储能现状

目前,国内对钛酸铋钠弛豫铁电材料 MLCC 的储能行为研究取得了重要进展。例如,Li 等利用 BNT 陶瓷的反铁电性和弛豫性,将两者相结合。研究出无铅 $(1-x)(Na_{0.5}Bi_{0.5})TiO_3-x(Sr_{0.2}Bi_{0.7})TiO_3$ 组分,并制备出介质层数为 10 的 MLCC,单层厚度为 20 μm,内电极面积为 6.25 mm²,获得 9.5 J/cm³ 的 W_{rec} 和 92% 的超高 η [174]。如图 1.9 所示,Ji 等在 0.62($Na_{0.5}Bi_{0.5}$)TiO_3-0.3($Sr_{0.2}Bi_{0.7}$)TiO_3-0.08$BiMg_{2/3}Nb_{1/3}O_3$ 组分陶瓷中获得 7.5 J/cm³ 的储能密度和 92% 的效率,做成单层电容器后,获得 18 J/cm³ 的储能密度。该组分的电学均一性好,电阻率和活化能大,有利于提高电击穿场强,同时用 Landau-Devonshire 现象和渗透理论解释了极化增强的原因,高的极化强度和击穿场强共同促进了储能密度的提高[175]。

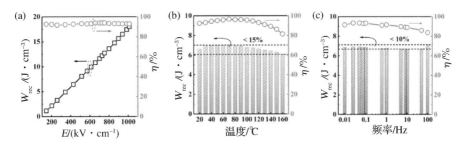

图 1.9 NBT-SBT-0.08BMN MLCC 储能性能变化

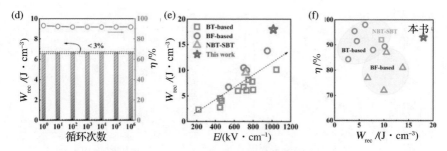

图1.9 NBT-SBT-0.08BMN MLCC 储能性能变化(续)

(a)电场、(b)温度、(c)频率和;(d)循环数;(e)W_{rec}作为E_{max}函数的比较;

(f)最近报道的无铅MLCC的W_{rec}与η对比图

参考文献

[1] SHI P, ZHU X, LOU X, et al. Tailoring ferroelectric polarization and relaxation of BNT-based lead-free relaxors for superior energy storage properties[J]. Chemical Engineering Journal, 2022, 428: 132612.

[2] CONG P. Review of Chinese pulsed power science and technology[J]. High Power Laser and Particle Beams, 2020, 32(2): 025002.

[3] YIN J, ZHANG Y, LV X, et al. Ultrahigh energy-storage potential under low electric field in bismuth sodium titanate-based perovskite ferroelectrics[J]. Journal of Materials Chemistry A, 2018, 6(21): 9823-9832.

[4] WU L, WANG X, LI L. Lead-free $BaTiO_3$-$Bi(Zn_{2/3}Nb_{1/3})O_3$ weakly coupled relaxor ferroelectric materials for energy storage[J]. RSC Advances, 2016, 6(17): 14273-14282.

[5] JIANG W. Repetition rate pulsed power technology and its applications: (vii) Major challenges and future trends[J]. High Power Laser and Particle Beams, 2015, 27(1): 010201-010205.

[6] XIE R, LIU J, HE X N. Pulsed power technology in environmental applications[J]. Power Electronics, 2010, 44(4): 59-60.

[7] 徐晨洪. 脉冲电容器用反铁电陶瓷设计及其充放电行为研究[J]. 中国

科学院大学(中国科学院上海硅酸盐研究所),2018,32(44):21-27.

[8]周水杉,章莉.脉冲功率电容器的应用和发展[J].电子元件与材料,2016,35(11):98-102.

[9]CHEN J. Study on discharge performance of high voltage thin film pulsed capacitors[J].Electronic Components & Materials,2012,31(12):67-70.

[10]QIN S,LIU K,LI J,et al. Study of protection for high density pulsed capacitors[J].High Voltage Engineering,2004,30(12):40-41.

[11]LIU F,DAI X,XU Z,et al. High density capacitors[J].High Power Laser and Particle Beams,2003,15(1):94-96.

[12]OMAR N,VAN DEN BOSSCHE P,COOSEMANS T,et al. Peukert revisited-critical appraisal and need for modification for lithium-ion batteries[J].Energies,2013,6(11):5625-5641.

[13]FU Y,MA X,YANG Q,et al. Progress on solid polymer electrolytes for lithium or lithium ion batteries[J].Chinese Journal of Power Sources,2002,26(1):47-55.

[14] LI J,GAO F. Analysis of electrodes matching for asymmetric electrochemical capacitor [J]. Journal of Power Sources,2009,194(2):1184-1193.

[15]JIE C,WEN F Z,HAO Z,et al. Progress in high specific energy electrochemical capacitor and its material[J].Battery,2008,38(5):317-320.

[16] ZHANG J,CHENG J,CAO G,et al. Research progress in electrochemical capacitors: the 15th international seminar on double layer capacitors and hybrid energy storage devices[J].Battery,2006,36(2):109-110.

[17] ZHANG Z,DENG M,WANG B,et al. Electrochemical hybrid capacitor[J].Battery,2004,34(4):295-297.

[18]ZHANG Z,DENG M,HU Y,et al. Characteristics and applications of electrochemical capacitors[J].Electronic Components & Materials,2003,22(11):1-5.

[19]DAI G,LIU M,WANG M,et al. Research and development of carbon materials for electrochemical capacitors I. electrochemical capacitors[J].New Carbon Materials,2002,17(1):71-79.

[20] YANG M, JIANG J, SHEN Y. Recent progress in dielectric energy storage materials with high energy density[J]. Journal of the Chinese Ceramic Society, 2021, 49(7): 1249-1262.

[21] LI L, FAN P, WANG M, et al. Review of lead-free Bi-based dielectric ceramics for energy-storage applications[J]. Journal of Physics D-Applied Physics, 2021, 54(29): 3001.

[22] ZHANG H, WEI T, ZHANG Q, et al. A review on the development of lead-free ferroelectric energy-storage ceramics and multilayer capacitors[J]. Journal of Materials Chemistry C, 2020, 8(47): 16648-16667.

[23] SUN Z, WANG Z, TIAN Y, et al. Progress, outlook, and challenges in lead-free energy-storage ferroelectrics[J]. Advanced Electronic Materials, 2020, 6(1): 1900698.

[24] GUR T M. Review of electrical energy storage technologies, materials and systems: challenges and prospects for large-scale grid storage[J]. Energy & Environmental Science, 2018, 11(10): 2696-2767.

[25] XU R, FENG Y, WEI X, et al. Analysis on nonlinearity of antiferroelectric multilayer ceramic capacitor (MLCC) for energy storage[J]. IEEE Transactions on Dielectrics and Electrical Insulation, 2019, 26(6): 2005-2011.

[26] PALNEEDI H, PEDDIGARI M H, WANG G T, et al. High-performance dielectric ceramic films for energy storage capacitors: progress and outlook[J]. Advanced Functional Materials, 2018, 28(42): 1803665.

[27] BI K, BI M, HAO Y, et al. Ultrafine core-shell $BaTiO_3$ @ SiO_2 structures for nanocomposite capacitors with high energy density[J]. Nano Energy, 2018, 51: 513-523.

[28] LI W B, ZHOU D, PANG L X, et al. Novel barium titanate based capacitors with high energy density and fast discharge performance[J]. Journal of Materials Chemistry A, 2017, 5(37): 19607-19612.

[29] WANG Y, CUI J, YUAN Q, et al. Significantly enhanced breakdown strength and energy density in sandwich-structured barium titanate/poly (vinylidene fluoride) nanocomposites[J]. Advanced Materials, 2015, 27(42):

6658-6663.

[30] LI Q, CHEN L, GADINSKI M R, et al. Flexible high-temperature dielectric materials from polymer nanocomposites[J]. Nature, 2015, 523(7562): 576-579.

[31] PENG B, XIE Z, YUE Z, et al. Improvement of the recoverable energy storage density and efficiency by utilizing the linear dielectric response in ferroelectric capacitors[J]. Applied Physics Letters, 2014, 105(5): 052904.

[32] LI Q, HAN K, GADINSKI M R, et al. High energy and power density capacitors from solution-processed ternary ferroelectric polymer nanocomposites[J]. Advanced Materials, 2014, 26(36): 6244-6249.

[33] TANG H, LIN Y, SODANO H A. Synthesis of high aspect ratio $BaTiO_3$ nanowires for high energy density nanocomposite capacitors[J]. Advanced Energy Materials, 2013, 3(4): 451-456.

[34] OGIHARA H, RANDALL C A, TROLIER M S. High-energy density capacitors utilizing $0.7BaTiO_3$-$0.3BiScO_3$ ceramics[J]. Journal of the American Ceramic Society, 2009, 92(8): 1719-1724.

[35] SILVA J P B, SILVA J M B, SEKHAR K C, et al. Energy storage performance of ferroelectric ZrO_2 film capacitors: effect of HfO_2: Al_2O_3 dielectric insert layer[J]. Journal of Materials Chemistry A, 2020, 8(28): 14171-14177.

[36] CHEN S, SKORDOS A, THAKUR V K. Functional nanocomposites for energy storage: chemistry and new horizons[J]. Materials Today Chemistry, 2020, 17: 100304.

[37] PEDDIGARI M, PALNEEDI H, HWANG G-T, et al. Linear and nonlinear dielectric ceramics for high-power energy storage capacitor applications[J]. Journal of the Korean Ceramic Society, 2019, 56(1): 1-23.

[38] PULI V S, PRADHAN D K, ADIREDDY S, et al. Electric field induced weak ferroelectricity in $Ba_{0.70}Sr_{0.30}TiO_3$, ceramics capacitors[J]. Ferroelectrics, 2017, 516(1): 133-139.

[39] HOU X, QIN Y, YANG X, et al. Effect of dipping and sintering process on MLCC terminal electrode adhesion[J]. Electronic Components &

Materials,2021,40(6):524-529,535.

[40] WANG C, YAN M, WANG Y. Theory of MLCC and its application notes[J]. Chinese Journal of Power Sources, 2012, 36(2):215-217.

[41] LI S, BAO S, JING P, et al. Microcosmic mechanism of causing failure of MLCC[J]. Electronic Components & Materials, 2007, 26(5):58-61.

[42] DENG X, LI J, WANG X, et al. Development tendency of MLCC and its application in high technology military electronic equipment[J]. Electronic Components & Materials, 2006, 25(5):1-6.

[43] ZHANG Y, LAI Y, XIAO P, et al. Study on the inner crack of MLCC which is caused in MLCC manufacturing process[J]. Electronic Components & Materials, 2005, 24(5):52-54.

[44] CHEN X, HUANG X. Progress of base-metal multilayer electrode ceramic capacitors[J]. Materials Review, 2004, 18(11):16-18.

[45] CHEN X, HUANG X. The research situation and development prospect of MLCC[J]. Materials Review, 2004, 18(9):12-14.

[46] WANG Y, LI L, MA Z, et al. The inner electrode structure and its optimization for high voltage chip capacitors[J]. Journal of Functional Materials, 2003, 34(4):414-417.

[47] ZHAO P, CAI Z, WU L, et al. Perspectives and challenges for lead-free energy storage multilayer ceramic capacitors[J]. Journal of Advanced Ceramics, 2021, 10(6):1153-1193.

[48] YAO F Z, YUAN Q, WANG Q, et al. Multiscale structural engineering of dielectric ceramics for energy storage applications: from bulk to thin films[J]. Nanoscale, 2020, 12(33):17165-17184.

[49] ZHANG H, WEI T, ZHANG Q, et al. A review on the development of lead-free ferroelectric energy-storage ceramics and multilayer capacitors[J]. Journal of Materials Chemistry C, 2020, 8(47):16648-16667.

[50] HUANG Q, ZHENG Y, LYU X, et al. Research progress on dielectric mechanism of microwave dielectric ceramics[J]. Electronic Components & Materials, 2016, 35(1):1-6.

[51] SUKESHA, VIG R, KUMAR N. Effect of electric field and

temperature on dielectric constant and piezoelectric coefficient of piezoelectric materials: A review[J]. Integrated Ferroelectrics, 2015, 167(1): 154-175.

[52] NNRANG S B, BAHEL S. Low loss dielectric ceramics for microwave applications: a review[J]. Journal of Ceramic Processing Research, 2010, 11(3): 316-321.

[53] CARDONA M. Dielectric constant and long-wavelength refractive index vs. pressure and temperature in semiconductors[J]. High Pressure Research, 2009, 29(4): 469-475.

[54] WANG G H, LIANG X P, SHI Y T, et al. Research status of high dielectric constant microwave dielectric ceramics[J]. Bulletin of the Chinese Ceramic Society, 2008, 27(2): 312-317.

[55] ZHANG S, ALPAY S P, BAN Z G, et al. Dielectric permittivity and pyroelectric response of compositionally graded ferroelectrics[J]. Integrated Ferroelectrics, 2005, 71: 1-9.

[56] RAO K S, YOON K Y. Review of electrooptic and ferroelectric properties of barium sodium niobate single crystals[J]. Journal of Materials Science, 2003, 38(3): 391-400.

[57] HUANG X L, YOU B L, SONG Y, et al. Progress in dielectric loss of microwave dielectric ceramics[J]. Material Science and Technology, 2007, 15(4): 511-514.

[58] YANG L, KONG X, LI F, et al. Perovskite lead-free dielectrics for energy storage applications[J]. Progress in Materials Science, 2019, 102: 72-108.

[59] GAO J, WANG Y, LIU Y, et al. Enhancing dielectric permittivity for energy-storage devices through tricritical phenomenon[J]. Scientific Reports, 2017, 7: 40916.

[60] LIU L, ZHAO Y, WU M, et al. Dielectric properties of $(NaBi_{(1-x)}K_x)_{0.5}Ti_{(1-x)}Nb_xO_3$ ceramics fabricated by mechanical alloying[J]. Journal of Alloys and Compounds, 2010, 507(1): 196-200.

[61] HU H, ZHU M, XIE F, et al. Effect of Co_2O_3 additive on structure and electrical properties of $85(Bi_{1/2}Na_{1/2})TiO_3$-$12(Bi_{1/2}K_{1/2})TiO_3$-$3BaTiO_3$

lead-free piezoceramics[J]. Journal of the American Ceramic Society, 2009, 92(9):2039-2045.

[62] IRVINE J T S, SINCLAIR D C, WEST A R. Electroceramics: characterization by impedance spectroscopy[J]. Advanced Materials, 1990, 2(3):132-138.

[63] SHEN M, LI W, LI M Y, et al. High room-temperature pyroelectric property in lead-free BNT-BZT ferroelectric ceramics for thermal energy harvesting[J]. Journal of the European Ceramic Society, 2019, 39(5):1810-1818.

[64] BENYOUSSEF M, BELHADI J, LAHMAR A, et al. Tailoring the dielectric and energy storage properties in $BaTiO_3/BaZrO_3$ superlattices[J]. Materials Letters, 2019, 234:279-282.

[65] CHEN L, SUN N, LI Y, et al. Multifunctional antiferroelectric MLCC with high-energy-storage properties and large field-induced strain[J]. Journal of the American Ceramic Society, 2018, 101(6):2313-2320.

[66] WU Y C, WANG G S, JIAO Z, et al. High electrostrictive properties and energy storage performances with excellent thermal stability in Nb-doped $Bi_{0.5}Na_{0.5}TiO_3$-based ceramics[J]. RSC Advances, 2019, 9(37):21355-21362.

[67] 杜金花,李雍,孙宁宁,等. 无机电介质材料储能行为研究现状[J]. 硅酸盐学报, 2022, 50(03):0454-5648.

[68] ADITYA C, SATYANARYAN P, RAHUL V, et al. Anti-ferroelectric ceramics for high energy density capacitors[J]. Materials, 2015, 8(12):8009-8031.

[69] YANG L, LI X, ALLAHYAROV E, et al. Novel polymer ferroelectric behavior via crystal isomorphism and the nanoconfinement effect[J]. Polymer, 2013, 54(7):1709-1728.

[70] BURN I, SMYTH D M. Energy storage in ceramic dielectrics[J]. Journal of Materials Science, 1972, 7(3):339-343.

[71] DING Y, LI P, HE J, et al. Simultaneously achieving high energy-storage efficiency and density in Bi-modified $SrTiO_3$-based relaxor ferroelectrics by ion selective engineering[J]. Composites Part B-Engineering,

2022,230:109493.

[72] ZHANG J, WANG J, GAO D, et al. Enhanced energy storage performances of $CaTiO_3$-based ceramic through A-site Sm^{3+} doping and A-site vacancy[J].Journal of the European Ceramic Society,2021,41(1):352-359.

[73] TAO O,PU Y,JI J M,et al. Ultrahigh energy storage capacity with superfast discharge rate achieved in Mg-modified $Ca_{0.5}Sr_{0.5}TiO_3$-based lead-free linear ceramics for dielectric capacitor applications[J].Ceramics International, 2021,47(14):20447-20455.

[74] SHI R D,MA X,MA P P,et al. Ba-based complex perovskite ceramics with superior energy storage characteristics[J]. Journal of the American Ceramic Society,2020,103(11):6389-6399.

[75] GUO X, PU Y, WANG W, et al. Ultrahigh energy storage performance and fast charge-discharge capability in Dy-modified $SrTiO_3$ linear ceramics with high optical transmissivity by defect and interface engineering [J].Ceramics International,2020,46(13):21719-21727.

[76] FENG M, ZHANG T, SONG C, et al. Improved energy storage performance of all-organic composite dielectric via constructing sandwich structure[J].Polymers,2020,12(9):1972.

[77] CERNEA M, VASILE B S, SURDU V A, et al. Piezoelectric/ ferromagnetic BNT-BT0.08 /$CoFe_2O_4$ coaxial core-shell composite nanotubes for nanoelectronic devices[J].Journal of Alloys and Compounds, 2018, 752: 381-388.

[78] LI Z C,CHEN G H,YUAN C L,et al. Effects of $NiNb_2O_6$ doping on dielectric property, microstructure and energy storage behavior of $Sr_{0.97}La_{0.02}TiO_3$ ceramics[J].Journal of Materials Science:Materials in Electronics,2017, 28(2):1151-1158.

[79] CHAUHAN A, PATEL S, VAISH R. Mechanical confinement for improved energy storage density in BNT-BT-KNN lead-free ceramic capacitors [J].Aip Advances,2014,4(8):087106.

[80] GAO L, HUANG Y, LIU C, et al. Microstructure and dielectric properties of $(1-x)BaTiO_3$-$xBi_{(0.5)}Na_{(0.5)}TiO_3$ ceramics[J].China Ceramics,

2008,044(004):18-20,31.

[81] ZHU X L, ZHOU H Y, LIU X Q. CaTiO$_3$ linear dielectric ceramics with greatly enhanced dielectric strength and energy storage density[J]. Journal of the American Ceramic Society,2018,101(5):1999-2008.

[82] WANG Z, CAO M, YAO Z, et al. Effects of Sr/Ti ratio on the microstructure and energy storage properties of nonstoichiometric SrTiO$_3$ ceramics[J]. Ceramics International,2014,40(1):929-933.

[83] WANG W, PU Y, GUO X, et al. Enhanced energy storage and fast charge-discharge capability in Ca$_{0.5}$Sr$_{0.5}$TiO$_3$-based linear dielectric ceramic[J]. Journal of Alloys and Compounds,2020,817:152695.

[84] ZHOU H Y, LIU X Q, ZHU X L, et al. CaTiO$_3$ linear dielectric ceramics with greatly enhanced dielectric strength and energy storage density[J]. Journal of the American Ceramic Society,2018,101:1999-2008.

[85] ZHOU H Y, ZHU X N, REN G R, et al. Enhanced energy storage density and its variation tendency in CaZr$_x$Ti$_{1-x}$O$_3$ ceramics[J]. Journal of Alloys and Compounds,2016,688:687-691.

[86] PU Y, WANG W, GUO X, et al. Enhancing the energy storage properties of Ca$_{0.5}$Sr$_{0.5}$TiO$_3$-based lead-free linear dielectric ceramics with excellent stability through regulating grain boundary defects[J]. Journal of Materials Chemistry C,2019,7(45):14384-14393.

[87] LIU Z G, LI M D, TANG Z H, et al. Enhanced energy storage density and efficiency in lead-free Bi(Mg$_{1/2}$Hf$_{1/2}$)O$_3$-modified BaTiO$_3$ ceramics[J]. Chemical Engineering Journal,2021,418:129379.

[88] ALKATHY M S, EIRAS J A, RAJU K C J. Energy storage enhancement and bandgap narrowing of lanthanum and sodium co-substituted BaTiO$_3$ ceramics[J]. Ferroelectrics,2021,570(1):153-161.

[89] TENG B, ZENG J, CHENG J, et al. Effect of SnO$_2$ doping on electric field-induced antiferroelectric-to-ferroelectric phase transition of Pb(Yb$_{1/2}$Nb$_{1/2}$)$_{(0.98)}$Sn$_{0.02}$O$_3$ ceramics[J]. Journal of Alloys and Compounds,2020,821:153468.

[90] MENDEZ G Y, PELAIZ B A, GUERRA J D S. The effect of La-

substitution on the energy-storage properties of NBT-BT lead-free ceramics[J]. Journal of Electroceramics,2020,44(1-2):87-94.

[91] ISMAIL M M. Ferroelectric characteristics of Fe/Nb co-doped $BaTiO_3$[J]. Modern Physics Letters B,2019,33(22):1950261.

[92] CAI Z,WANG X,HONG W,et al. Grain-size-dependent dielectric properties in nanograin ferroelectrics[J]. Journal of the American Ceramic Society,2018,101(12):5487-5496.

[93] LI F,LIU Y,LYU Y,et al. Huge strain and energy storage density of A-site La^{3+} donor doped $(Bi_{0.5}Na_{0.5})_{(0.94)}Ba_{0.06}TiO_3$ ceramics[J]. Ceramics International,2017,43(1):106-110.

[94] FANG M,WANG Z,LI H,et al. Preparation and dielectric property of $Ba(Fe_{(0.5)}Nb_{(0.5)})O_3$ based composite ceramic[J]. Materials for Mechanical Engineering,2016,40(6):59-64.

[95] PATEL S,CHAUHAN A,VAISH R. Improved electrical energy storage density in vanadium-doped $BaTiO_3$ bulk ceramics by addition of $3BaO_3$-TiO_2-B_2O_3 glass[J]. Energy Technology,2015,3(1):70-76.

[96] CHANDRASEKHAR M,KUMAR P. Synthesis and characterizations of BNT-BT and BNT-BT-KNN ceramics for actuator and energy storage applications[J]. Ceramics International,2015,41(4):5574-5580.

[97] TUNKASIRI T,RUJIJANAGUL G. Dielectric strength of fine grained barium titanate ceramics[J]. Journal of Materials Science Letters,1996,15(20):1767-1769.

[98] ZHOU M,LIANG R,ZHOU Z,et al. Combining high energy efficiency and fast charge-discharge capability in novel $BaTiO_3$-based relaxor ferroelectric ceramic for energy-storage[J]. Ceramics International,2019,45(3):3582-3590.

[99] LIU G,LI Y,GUO B,et al. Ultrahigh dielectric breakdown strength and excellent energy storage performance in lead-free barium titanate-based relaxor ferroelectric ceramics via a combined strategy of composition modification, viscous polymer processing, and liquid-phase sintering[J]. Chemical Engineering Journal,2020,398:125625.

[100] DONG G, MA S, DU J, et al. Dielectric properties and energy storage density in ZnO-doped $Ba_{0.3}Sr_{0.7}TiO_3$ ceramics[J]. Ceramics International, 2009, 35(5): 2069-2075.

[101] ZHU Q, ZHAO S, XU R, et al. Frequency dependence of antiferroelectric ferroelectric phase transition of PLZST ceramic[J]. Journal of the American Ceramic Society, 2022, 105(4): 2634-2645.

[102] SUN H, XU R, ZHU Q, et al. Low temperature sintering of PLZST-based antiferroelectric ceramics with Al_2O_3 addition for energy storage applications[J]. Journal of the European Ceramic Society, 2022, 42(4): 1380-1387.

[103] QIAO Z, LI T, QI H, et al. Excellent energy storage properties in $NaNbO_3$-based lead-free ceramics by modulating antiferrodistortive of P phase[J]. Journal of Alloys and Compounds, 2022, 898: 162934.

[104] LI J, JIN L, TIAN Y, et al. Enhanced energy storage performance under low electric field in Sm^{3+} doped $AgNbO_3$ ceramics[J]. Journal of Materiomics, 2022, 8(2): 266-273.

[105] LI C, XIAO Y, FU T, et al. High capacitive performance achieved in $NaNbO_3$-based ceramics via grain refinement and relaxation enhancement[J]. Energy Technology, 2022, 10(2): 2100777.

[106] GAO P, LIU C, LIU Z, et al. Softening of antiferroelectric order in a novel $PbZrO_3$-based solid solution for energy storage[J]. Journal of the European Ceramic Society, 2022, 42(4): 1370-1379.

[107] ER X, CHEN P, GUO J, et al. Enhanced energy-storage performance in a flexible film capacitor with coexistence of ferroelectric and polymorphic antiferroelectric domains[J]. Journal of Materiomics, 2022, 8(2): 375-381.

[108] CHOUDHARY A, PRIYADARSINI V, Nair V V, et al. Structural, dielectric and energy storage characteristics of $(Pb_{1-x}Sr_x)(Zr_{0.80}Ti_{0.20})O_3$ antiferroelectric compositions[J]. Journal of Alloys and Compounds, 2022, 899: 163395.

[109] JANKOWSKA S I, PASCIAK M, KADZIOLKA G M, et al. Local properties and phase transitions in Sn doped antiferroelectric $PbHfO_3$ single

crystal[J].Journal of Physics-Condensed Matter,2020,32(43):435402.

[110] ZHAO L, LIU Q, GAO J, et al. Lead-free antiferroelectric silver niobate tantalate with high energy storage performance [J]. Advanced Materials,2017,29(31):1701824.

[111] XU R, LI B, TIAN J, et al. $Pb_{0.94}La_{0.04}(Zr_{0.70}Sn_{0.30})_{(0.90)}Ti_{0.10}O_3$ antiferroelectric bulk ceramics for pulsed capacitors with high energy and power density[J].Applied Physics Letters,2017,110(14):142904.

[112] ZHANG Q, TONG H, CHEN J, et al. High recoverable energy density over a wide temperature range in Sr modified (Pb,La)(Zr,Sn,Ti)O_3 antiferroelectric ceramics with an orthorhombic phase[J]. Applied Physics Letters,2016,109(26):262901.

[113] ZHANG Q, JIANG S. High pyroelectric properties of $(Pb_{0.87}La_{0.02}Ba_{0.1})(Zr_{0.75}Sn_{0.25-x}Ti_x)O_3$ ceramics near AFE/RFE phase boundary under DC bias field[J].Journal of Materials Research,2011,26(11):1441-1445.

[114] LIU H, DKHIL B. A brief review on the model antiferroelectric $PbZrO_3$ perovskite-like material[J].Zeitschrift Fur Kristallographie-Crystalline Materials,2011,226(2):163-170.

[115] LIU P, YAO X. Dielectric properties and phase transitions of $(Pb_{0.87}La_{0.02}Ba_{0.1})(Zr_{0.6}Sn_{0.4-x}Ti_x)O_3$ ceramics with compositions near AFE/RFE phase boundry[J].Solid State Communications,2004,132(12):809-813.

[116] ZHANG Q, DAN Y, CHEN J, et al. Effects of composition and temperature on energy storage properties of (Pb, La)(Zr, Sn, Ti)O_3 antiferroelectric ceramics [J]. Ceramics International, 2017, 43(14): 11428-11432.

[117] ZHANG L, JIABG S, FAN B, et al. Enhanced energy storage performance in $(Pb_{0.858}Ba_{0.1}La_{0.02}Y_{0.008})(Zr_{0.65}Sn_{0.3}Ti_{0.05})O_3$-$(Pb_{0.97}La_{0.02})(Zr_{0.9}Sn_{0.05}Ti_{0.05})O_3$ anti-ferroelectric composite ceramics by spark plasma sintering[J].Journal of Alloys and Compounds,2015,622:162-165.

[118] LIU X, LI Y, HAO X. Ultra-high energy-storage density and fast discharge speed of $(Pb_{0.98-x}La_{0.02}Sr_x)(Zr_{0.9}Sn_{0.1})_{(0.995)}O_3$ antiferroelectric ceramics prepared via the tape-casting method [J]. Journal of Materials

Chemistry A,2019,7(19):11858-11866.

[119] JIN L, LI F, ZHANG S. Decoding the fingerprint of ferroelectric loops:comprehension of the material properties and structures[J]. Journal of the American Ceramic Society,2014,97(1):1-27.

[120] REN X B. Large electric-field-induced strain in ferroelectric crystals by point-defect-mediated reversible domain switching[J]. Nature Materials,2004,3(2):91-94.

[121] ZHU L F, SONG A, ZHANG B P, et al. Boosting energy storage performance of $BiFeO_3$-based multilayer capacitors via enhancing ionic bonding and relaxor behavior[J]. Journal of Materials Chemistry A,2022,10(13):7382-7390.

[122] WU C, QIU X, LIU C, et al. Enhanced relaxor behavior and energy-storage properties in $Na_{0.5}Bi_{0.5}TiO_3$-based ceramics by doping the complex ions $(Al_{0.5}Nb_{0.5})^{4+}$[J]. Physica Status Solidi a-Applications and Materials Science,2022,219(5):2100737.

[123] WANG D, ZHU J, LIU Z, et al. Enhanced energy storage performance in $(1-x)Bi_{0.85}Sm_{0.15}FeO_3-xCa_{0.5}Sr_{0.5}Ti_{0.9}Zr_{0.1}O_3$ relaxor ceramics[J]. Journal of Alloys and Compounds,2022,903:163888.

[124] SHI W, YANG Y, ZHANG L, et al. Enhanced energy storage performance of eco friendly BNT-based relaxor ferroelectric ceramics via polarization mismatch-reestablishment and viscous polymer process[J]. Ceramics International,2022,48(5):6512-6519.

[125] LIU Y, LIU J, PAN H, et al. Phase-field simulations of tunable polar topologies in lead-free ferroelectric/paraelectric multilayers with ultrahigh energy-storage performance[J]. Advanced Materials,2022,34(13):2108772.

[126] KIM M K, JI S Y, LIM J H, et al. Energy storaoe performance and thermal stability of BNT-SBT with artificially modulated nano-grains via aerosol deposition method[J]. Journal of Asian Ceramic Societies,2022,10(1):196-202.

[127] HAN D, WANG C, ZENG Z, et al. Ultrahigh energy efficiency of $(1-x)Ba_{0.85}Ca_{0.15}Zr_{0.1}Ti_{0.9}O_3-xBi(Mg_{0.5}Sn_{0.5})O_3$ lead-free ceramics[J].

Journal of Alloys and Compounds,2022,902:163721.

[128]CHEN H,SHI J,DONG X,et al. Enhanced thermal and frequency stability and decent fatigue endurance in lead-free $NaNbO_3$-based ceramics with high energy storage density and efficiency[J].Journal of Materiomics,2022,8(2):489-497.

[129] ZHANG A, HOU H, LIAO N, et al. High comprehensive electrocaloric performance in barium titanate-based ceramics via integrating diffuse phase transition near room temperature and a high applied electric field[J].Ceramics International,2022,48(5):6842-6849.

[130] ZHAO X F,SOH A K. Investigation of the coupling effect of flexoelectricity and ferroelasticity on energy storage efficiency of relaxor ferroelectrics[J].Functional Materials Letters,2021,14(08):2151045.

[131]JI S, LI Q, WANG D, et al. Enhanced energy storage performance and thermal stability in relaxor ferroelectric $(1-x)BiFeO_3$-$x(0.85BaTiO_3$-$0.15Bi(Sn_{0.5}Zn_{0.5})O_3$ ceramics[J].Journal of the American Ceramic Society,2021,104(6):2646-2654.

[132]SUN Y,ZHAO Y,XU J,et al. Phase transition, large strain and energy storage in ferroelectric $(Bi_{0.5}Na_{0.5})TiO_3$-$BaTiO_3$ ceramics tailored by $(Mg_{1/3}Nb_{2/3})^{(4+)}$ complex ions[J].Journal of Electronic Materials,2020,49(2):1131-1141.

[133] SUN P, WANG H, BU X, et al. Enhanced energy storage performance in bismuth layer-structured $BaBi_2Me_2O_9$ (Me = Nb and Ta) relaxor ferroelectric ceramics [J]. Ceramics International, 2020, 46 (10):15907-15914.

[134]MA W, ZHU Y, MARWAT M A, et al. Enhanced energy-storage performance with excellent stability under low electric fields in BNT-ST relaxor ferroelectric ceramics[J].Journal of Materials Chemistry C,2019,7(2):281-288.

[135]WEYLAND F, ZHANG H, NOVAK N. Enhancement of energy storage performance by criticality in lead-free relaxor ferroelectrics[J].Physica Status Solidi-Rapid Research Letters,2018,12(7):1800165.

[136] LI Y, SUN N, LI X, et al. Multiple electrical response and enhanced energy storage induced by unusual coexistent-phase structure in relaxor ferroelectric ceramics[J]. Acta Materialia, 2018, 146: 202-210.

[137] ZHANG M, YANG H, LI D, et al. Giant energy storage efficiency and high recoverable energy storage density achieved in $K_{0.5}Na_{0.5}NbO_3$-Bi$(Zn_{0.5}Zr_{0.5})O_3$ ceramics[J]. Journal of Materials Chemistry C, 2020, 8(26): 8777-8785.

[138] HU D, PAN Z, ZHANG X, et al. Greatly enhanced discharge energy density and efficiency of novel relaxation ferroelectric BNT-BKT-based ceramics[J]. Journal of Materials Chemistry C, 2020, 8(2): 591-601.

[139] QI H, ZUO R. Linear-like lead-free relaxor antiferroelectric $(Bi_{0.5}Na_{0.5})TiO_3$-$NaNbO_3$ with giant energy-storage density/efficiency and super stability against temperature and frequency[J]. Journal of Materials Chemistry A, 2019, 7(8): 3971-3978.

[140] WEI Y, JIN C, ZENG Y, et al. A coexistence of multi-relaxor states in $0.5BiFeO_3$-$0.5BaTiO_3$ [J]. Ceramics International, 2017, 43(18): 17220-17224.

[141] SUCHANECK G, GERLACH G. Adapting $BaTiO_3$-based relaxor ferroelectrics for electrocaloric application[J]. Ferroelectrics, 2017, 515(1): 1-7.

[142] LI F, ZHANG S, YANG T, et al. The origin of ultrahigh piezoelectricity in relaxor-ferroelectric solid solution crystals[J]. Nature Communications, 2016, 7: 13807.

[143] NAHAS Y, KLRNEV I. Local symmetry approach to relaxor ferroelectrics[J]. EPL, 2013, 103(3): 37013.

[144] PANIGRAHI M R, BADAPANDA T, PANIGRAHI S. Theoretical description of ABO_3 relaxor ferroelectric: A review[J]. Indian Journal of Physics, 2009, 83(4): 567-571.

[145] ZHANG S, HUANG C, CHENG Z Y, et al. Relaxor ferroelectric polymers[J]. Ferroelectrics, 2006, 339: 1723-1731.

[146] 孙目珍. 电介质物理基础[M]. 广州: 华南理工大学出版社, 2000.

[147] DE SOUZA R A. Transport properties of dislocations in $SrTiO_3$ and

other perovskites[J]. Current Opinion in Solid State and Materials Science, 2021,25(4):100923.

[148] PRAMANICK A, JORGENSEN M R, DIALLO S O, et al. Nanoscale atomic displacements ordering for enhanced piezoelectric properties in lead-free ABO_3 ferroelectrics[J]. Advanced Materials,2015,27(29):4330-4335.

[149] REN X, CHEN Z, LIU Y, et al. ABO_3, a WRKY transcription factor, mediates plant responses to abscisic acid and drought tolerance in Arabidopsis[J]. The Plant Journal,2010,63(3):417-429.

[150] ZHANG L, PU Y, CHEN M. Ultra-high energy storage performance under low electric fields in $Na_{0.5}Bi_{0.5}TiO_3$-based relaxor ferroelectrics for pulse capacitor applications[J]. Ceramics International,2020,46(1):98-105.

[151] ZHAO L, GAO J, LIU Q, et al. Silver niobate lead-free antiferroelectric ceramics: enhancing energy storage density by B-site doping [J]. ACS Applied Materials Interfaces,2018,10(1):819-826.

[152] XU C, FU Z, LIU Z, et al. La/Mn codoped $AgNbO_3$ lead-free antiferroelectric ceramics with large energy density and power density[J]. ACS Sustainable Chemistry & Engineering,2018,6(12):16151-16159.

[153] JIANG X, HAO H, ZHANG S, et al. Enhanced energy storage and fast discharge properties of $BaTiO_3$ based ceramics modified by $Bi(Mg_{1/2}Zr_{1/2})O_3$[J]. Journal of the European Ceramic Society,2019,39(4):1103-1109.

[154] WU J, MAHAJAN A, RIEKEHR L, et al. Perovskite $Sr_x(Bi_{1-x}Na_{0.97-x}Li_{0.03})_{0.5}TiO_3$ ceramics with polar nano regions for high power energy storage[J]. Nano Energy,2018,50:723-732.

[155] CHAI Q, YANG D, ZHAO X, et al. Lead-free $(K,Na)NbO_3$-based ceramics with high optical transparency and large energy storage ability[J]. Journal of the American Ceramic Society,2018,101(6):2321-2329.

[156] HAO PAN, FEI LI, YAO LIU et al. Ultrahigh-energy density lead-free dielectric films via polymorphic nanodomain design[J]. Science, 2019, 365(8):578-582.

[157] RASALINGAM S, KOODALI R. Impact of humidity in the preparation of $CoTiO_3$ perovskites: Effective ABO_3 type catalysts for O_2

evolution[J]. Abstracts of Papers of the American Chemical Society, 2015, 249.

[158] PRAMANICK A, JORGENSEN M R V, DIALLO S O, et al. Nanoscale atomic displacements ordering for enhanced piezoelectric properties in lead-free ABO_3 ferroelectrics [J]. Advanced Materials, 2015, 27 (29): 4330-4335.

[159] PAN J, NIRANJAN M K, WAGHMARE U V. Aliovalent cation ordering, coexisting ferroelectric structures, and electric field induced phase transformation in lead-free ferroelectric $Na_{0.5}Bi_{0.5}TiO_3$ [J]. Journal of Applied Physics, 2016, 119(12):124102.

[160] DENG G, DANILKIN S, ZHANG H, et al. Dynamical mechanism of phase transitions in A-site ferroelectric relaxor $(Na_{1/2}Bi_{1/2})TiO_3$ [J]. Physical Review B, 2014, 90(13):134104.

[161] AKSEL E, JONES J L. Advances in lead-free piezoelectric materials for sensors and actuators[J]. Sensors, 2010, 10(3):1935-1954.

[162] PETZELT J, KAMBA S, FABRY J, et al. Infrared, raman and high-frequency dielectric spectroscopy and the phase transitions in $Na_{1/2}Bi_{1/2}TiO_3$ [J]. Journal of Physics-Condensed Matter, 2004, 16(15):2719-2731.

[163] LI Q, WANG C, ZHANG W, et al. Influence of compositional ratio K/Na on structure and piezoelectric properties in $[(Na_{1-x}K_x)_{0.5}Bi_{0.5}]Ti_{0.985}Ta_{0.015}O_3$ ceramics[J]. Journal of Materials Science, 2019, 54(6):4523-4531.

[164] HU B, FAN H Q, NING L, et al. High energy storage performance of $[(Bi_{0.5}Na_{0.5})_{0.94}Ba_{0.06}]_{0.97}La_{0.03}Ti_{1-x}(Al_{0.5}Nb_{0.5})_xO_3$ ceramics with enhanced dielectric breakdown strength[J]. Ceramics International, 2018, 44(13):15160-15166.

[165] TROLLIARD G, DORCET V, et al. Reinvestigation of phase transitions in $Na_{0.5}Bi_{0.5}TiO_3$ by TEM. Part II: second order orthorhombic to tetragonal phase transition [J]. Chemistry of Materials, 2008, 20 (15): 5074-5082.

[166] LI Q, LI N, PENG, HU B, et al. Large strain response in $(1-x)(0.94Bi_{0.5}Na_{0.5}TiO_3\text{-}0.06BaTiO_3)\text{-}xSr_{0.8}Bi_{0.1}\text{-}0.1Ti_{0.8}Zr_{0.2}O_{2.95}$ lead-free piezoelectric ceramics[J]. Ceramicinternational, 2018, 45(2):1676-1682.

[167] SCHMITT L, KLEEBE H J. Singlegrains hosting two space groups:

a transmission electron microscopy study of a lead-free ferroelectric[J]. Functional Materials Letters,2011,3(1):55-58.

[168]MA W,FAN P,SALAMON D,et al. Fine-grained BNT-based lead-free composite ceramics with high energy-storage density[J]. Ceramics International,2019,45(16):19895-19901.

[169]QIAO X,WU D,ZHANG F,et al. Enhanced energy density and thermal stability in relaxor ferroelectric $Bi_{0.5}Na_{0.5}TiO_3$-$Sr_{0.7}Bi_{0.2}TiO_3$ ceramics[J].Journal of the European Ceramic Society,2019,39(15):4778-4784.

[170]YANG L,KONG X,CHENG Z,et al. Ultra-high energy storage performance with mitigated polarization saturation in lead-free relaxors[J]. Journal of Materials Chemistry A,2019,7(14):8573-8580.

[171]QIAO X,ZHANG F,WU D,et al. Superior comprehensive energy storage properties in $Bi_{0.5}Na_{0.5}TiO_3$-based relaxor ferroelectric ceramics[J]. Chemical Engineering Journal,2020,388:124158.

[172]YAN F,HUANG K,Jiang T,et al. Significantly enhanced energy storage density and efficiency of BNT-based perovskite ceramics via A-site defect engineering[J].Energy Storage Materials,2020,30:392-400.

[173] LI J,SHEN Z,CHEN X,et al. Grain-orientation-engineered multilayer ceramic capacitors for energy storage applications[J]. Nature Materials,2020,19(9):13807.

[174]LI J,LI F,XU Z,et al. Multilayer lead-free ceramic capacitors with ultrahigh energy density and efficiency[J]. Advanced Materials, 2018, 30 (32):1802155.

[175]JI H,WANG D,BAO W,et al. Ultrahigh energy density in short-range tilted NBT-based lead-free multilayer ceramic capacitors by nanodomain percolation[J].Energy Storage Materials,2021,38:113-120.

第 2 章　NBT 基陶瓷及多层电容器的制备与表征

2.1　前　　言

无铅弛豫铁电材料的制备工艺是决定最终储能性能高低的关键原因之一。致密性将直接影响多层陶瓷电容器击穿场强,高致密度的介电材料有利于击穿电场的提高。相较于传统固相法,流延法制备的陶瓷结构均匀,致密度高,可以大幅度地改善陶瓷微观结构,为得到具有高储能密度的陶瓷起到至关重要的作用[1]。本章主要介绍流延法制备弛豫铁电陶瓷及多层陶瓷电容器的工艺流程,同时对样品测试所涉及的表征手段进行介绍。

2.2　NBT 基流延陶瓷制备工艺

流延法制备样品陶瓷主要包括粉体的制备、浆料的制备以及流延陶瓷成型工艺,具体的工艺流程如图 2.1 所示。

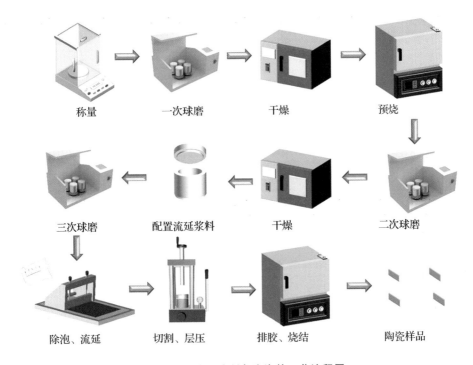

图 2.1 流延法制备陶瓷的工艺流程图

2.2.1 陶瓷粉体制备

(1)称量原料:根据具体的陶瓷组分和药品的纯度、规格,计算并称取药品,还要根据氧化铋和无水碳酸钠在预烧、烧结过程中产生的挥发,适当使两种元素药品过量,以两种元素的摩尔质量为基准,各过量 5%。

(2)球磨:粉体、酒精、球磨介质根据 1∶1∶1.5 的质量比进行称量,置于行星式球磨机球磨 20~24 h。球磨结束后放入烘箱干燥。

(3)粉体预烧:将干燥的物料置于坩埚中,放入电阻炉中进行预烧结处理。预烧温度为 800~850 ℃,保温时长 2.5 h。粉体通过预烧结可以形成钙钛矿相。预烧工艺分为普通预烧和两步预烧,如图 2.2 所示,普通预烧是从室温以 3 ℃/min 的速度升温到预烧温度后直接保温 3~4 h 后再以同样的速度降温,两步预烧是先升温到原有的预烧温度以上 50 ℃ 左右再快速降温(降温速率为 5 ℃/min)到预烧温度以下 50 ℃ 进行保温,然后和普通预烧的保温、降温工艺相同。两步预烧可以很好地降低晶粒尺寸。

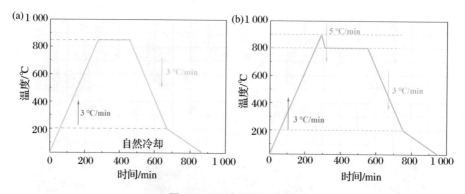

图 2.2 两种预烧工艺图

(a)一步预烧；(b)两步预烧

(4)二次球磨：将预烧结后的粉体置于玛瑙研钵中进行研磨，再次根据粉体、酒精、球磨介质 1∶1∶1.5 的质量比为进行称量，置于行星式球磨机再次球磨 20～24 h。将二次球磨过后的物料经过干燥、过筛等处理，将得到质地均匀的 NBT 基流延粉体。

2.2.2 陶瓷浆料制备

(1)流延浆料配置：将 NBT 基陶瓷粉体与甲苯、乙醇、磷酸三丁酯等有机添加剂按一定比例配比进行球磨，得到流延浆料，球磨时间为 10～18 h，所用药品如表 2.3 所示，其中，陶瓷粉体所占比例为 50%，甲苯、乙醇所占比例为 30%～40%，磷酸三丁酯、邻苯二甲酸丁酯和聚乙二醇所占比例为 1.5%～2%，PVB 所占比例为 4%～5%。

(2)除泡：将均匀的流延浆料放入真空除泡机，进行 10 min 除泡处理。除泡的作用是将浆料内由于高速球磨和溶剂挥发产生的气泡去除，太多的气泡会影响流延厚膜的品质，造成缺陷。

表 2.1 流延浆料比例

药品名称	用途	质量分数/%
流延粉体	粉体	50
磷酸三丁酯	分散剂	1.5～2

续表

药品名称	用途	质量分数/%
PVB	黏结剂	4～5
聚乙二醇	增塑剂	1.5～2
甲苯、乙醇	溶剂	30～40

2.2.3 流延工艺

(1)流延:将流延浆料注入流延机料槽中流延成型并干燥。流延机的速度要根据实际情况来决定,浆料的状态及实验室的湿度都会对流延的效果产生影响。

(2)干燥与裁剪:流延得到的湿膜干燥需要在流延的过程中完成,流延机自带的通风系统和加热系统会加快陶瓷厚膜的干燥。将干燥后的厚膜裁剪成边长 1.4 cm(模具规格)的正方形。

(3)叠层热压:将陶瓷厚膜在一定的温度(40～60 ℃)和压力(100～150 MPa)下进行热压,将多层薄的陶瓷热压成陶瓷块体,防止在热处理时产生弯曲和裂痕。

(4)冷等静压:冷等静压的优点在于可以使陶瓷整体获得一个均匀的压力,使陶瓷更加致密,冷等静压的压力为 50～150 MPa,时间为 30 min。

2.2.4 热处理工艺

(1)排胶:将生坯放入箱式炉中,以 1～3 ℃/min 的升温速率,达到 600 ℃,并持续保温 6～8 h,进行排胶工艺处理。

(2)烧结:待排胶工艺完成,再将排胶片样品置于箱式炉中,升温速率为 3～5 ℃/min,达到 1 130～1 200 ℃,持续保温时间为 3～5 h。待烧结片冷却完成,得到致密的样品片。

(3)抛光:将样品片用不同目数的砂纸抛光处理,样品片厚度达到 100 μm。

(4)喷电极:将抛完光的样品置入小型离子溅射仪内,进行喷金处理,电极直径为 2 mm。

2.3　NBT 基 MLCC 的制备流程

流延法制备 NBT 基 MLCC 的制备流程如图 2.3 所示。电容器的粉体、浆料和流延工艺与陶瓷制备工艺相同。

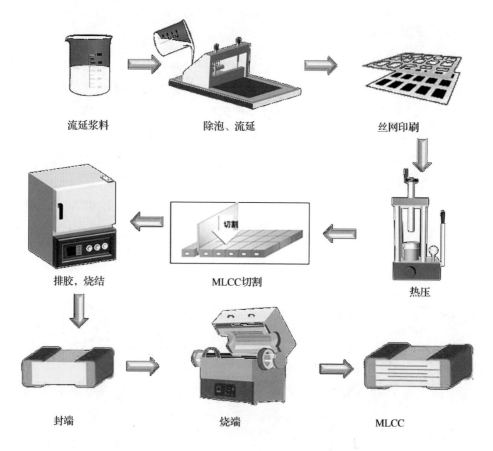

图 2.3　流延法制备电容器工艺流程图

2.3.1　MLCC 的成型

(1)丝网印刷:将 14 cm×14 cm 的流延膜,放到印刷机上,进行丝网印刷。

(2)叠层热压:将刷有内电极的流延膜错位叠压在一起。压强为 50～

80 MPa,组成电容器生坯片。

(3) 切割:将整个电容器生坯片切割,得到单个电容器生坯片。

2.3.2　MLCC 热处理及电极制备

电容器的排胶与烧结工艺与陶瓷制备工艺相同。

(1) 封端:对烧结后的电容器烧结片制备端电极。

(2) 烧端:将封端的电容器烧结片置于炉中,进行烧端处理,烧结温度为 600 ℃。

2.4　结构表征和性能测试

2.4.1　密度测试

1. 理论密度计算

陶瓷样品的理论密度 ρ_0 的计算公式为

$$\rho_0 = M/(N_A \times V) \quad (2.1)$$

式中:M 表示陶瓷样品的摩尔质量;N_A 为阿伏伽德罗常数;V 表示陶瓷样品的晶胞体积。

2. 体积密度计算

陶瓷样品的体积密度 ρ 由阿基米德排水法得出,其计算公式为

$$\rho = \rho_w \times m_1/(m_3 - m_2) \quad (2.2)$$

式中:ρ_w 为去离子水密度;m_1 为陶瓷样品在空气中的质量;m_2 为陶瓷样品吸水后在去离子水中的质量;m_3 为擦干去离子水的陶瓷样品质量。

3. 相对密度计算

陶瓷样品的相对密度 ρ_r 的计算公式为

$$\rho_r = \frac{\rho}{\rho_0} \times 100\% \quad (2.3)$$

2.4.2　物相分析

该实验的物相是采用德国 Bruker D8 Advanced 的 X 射线衍射仪,对样品进

行分析。扫描方式为:连续扫描;衍射靶:Cu 靶;扫描角度:20°~70°;扫描步长:0.02;扫描速度:5°/min。

2.4.3 微观结构表征

采用德国 ZEISS Supra 55 场发射扫描电子显微镜,对样品进行表征,获得该实验的微观结构。陶瓷表面放大倍数 10 000 倍,电容器表面形貌放大 5 000 倍。

采用德国 Bruker ICON 原子力显微镜,对样品表面以纳米尺度进行表征,同时利用该仪器的压电力显微模式表征陶瓷的电畴结构。

2.4.4 介电性能测试

该实验的介电性能通过采用美国 Agilent E4980A LCR 与英国 Linkam HFS600E 加热台,对样品进行介电性能测试。其中的温谱和频谱测试频率为 1~100 kHz。

2.4.5 击穿性能测试

该实验利用南京恩泰电子仪器厂的 ET2671A 型耐压测试仪,对样品进行介电击穿性能测试。使用 Weibull 分布函数对材料击穿性能进行线性拟合。图 2.4 表示 Weibull 分布函数的线性拟合图。其中所用的计算公式如下[2-4]:

$$X_i = \ln(E_i) \quad (2.4)$$

$$Y_i = \ln[\ln(1/(1-P_i))] \quad (2.5)$$

$$P_i = i/(n+1) \quad (2.6)$$

式中:X_i 和 Y_i 表示 Weibull 分布的两个参数函数;E_i 为外加场强下的击穿强度;i 为样品序号;n 为样品个数。从图 2.4 可以看出,X_i 和 Y_i 符合线性关系。$Y_i = 0$ 与拟合直线的交点横坐标为 E,E 表示样品的平均击穿值[5]。

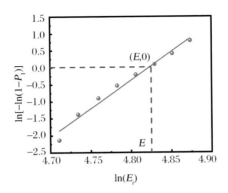

图 2.4　击穿强度的 Weibull 分布示意图

2.4.6　阻抗性能测试

该实验利用 Agilent E4990A 阻抗分析仪,以不同的温度、频率对陶瓷样品的电学性能均匀性、绝缘性进行表征。同时利用 Zview 软件对阻抗谱数据进行等效电路拟合,研究其电学响应机制与内部电学结构[6-8]。

阻抗谱数据有四种复数形式:复电模量 M^*、复阻抗 Z^*、复介电常数 ε^* 和复导纳 Y^*。四个参数的转换关系如下:

$$M^* = j\omega C_0 Z^* \tag{2.7}$$

$$Z^* = 1/Y^* \tag{2.8}$$

$$\varepsilon^* = 1/M^* \tag{2.9}$$

$$Y^* = j\omega C_0 \varepsilon^* \tag{2.10}$$

其中,$\omega = 2\pi f$ 为角频率,C_0 为电容,$j = \sqrt{-1}$。

对于异质性的介电陶瓷材料,用一个 RC 等效电路来表示陶瓷内部的一个电学活性区域。从而得出阻抗虚部 $Z''(f)$ 与电模量虚部 $M''(f)$ 对频率的函数公式为

$$Z'' = R\left[\frac{\omega RC}{1+(\omega RC)^2}\right] \tag{2.11}$$

$$M'' = \frac{C_0}{C}\left[\frac{\omega RC}{1+(\omega RC)^2}\right] \tag{2.12}$$

当 $2\pi f_{max} = \omega_{max} = (RC)^{-1}$ 时,阻抗虚部 $Z''(f)$ 与电模量虚部 $M''(f)$ 分别为

$$Z''_{max} = \frac{R}{2} \tag{2.13}$$

$$M''_{max} = \frac{1}{2\varepsilon} \tag{2.14}$$

可以看出,如果陶瓷材料中有多种电学活性区域,阻抗虚部 Z''_{max} 由电阻较大的电学区域主导,而电模量虚部 M''_{max} 则由电容 C 较小的电学区域主导。通常来说,陶瓷的晶界和晶粒电学性能不同,晶界处的电阻较大,绝缘性更好。因此,陶瓷材料的 Z''_{max} 由晶界处的性能主导,M''_{max} 则由晶粒处的性能主导[9]。

2.4.7 电滞回线测试

电滞回线是介质储能陶瓷的关键测试之一。一方面,利用铁电测试系统可以测试介质储能陶瓷的极化强度随外加电场的变化情况,即电滞回线,并以此获取陶瓷的最大极化强度、剩余极化强度和矫顽场等信息,同时根据式(1.6)和式(2.7)计算出陶瓷的可释放能量密度和储能效率,表征陶瓷的能量存储能力。另一方面,还可以进行漏电流密度的测试。此外,还可以搭配高低温试验箱,测试不同温度下陶瓷的电滞回线,以研究其储能性能的温度稳定性。铁电测试的原理如图 2.5 所示,以线性电容 C_0 作为参照,在输入交流电压后,样品的极化强度与 C_0 的电压成正比,同时示波器水平方向的振幅正比于样品的电场强度,从而得到样品的极化强度与电场强度的关系[10]。

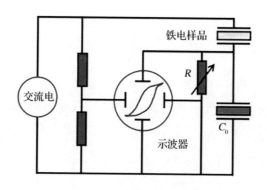

图 2.5 电滞回线测试原理

2.4.8 间接储能计算

间接计算电介质材料的可释放储能密度是通过铁电测试系统的 Sawyer-

Tower电路进行P-E电滞回线测试,如图2.6(a)所示。其原理为:以介电材料(铁电、反铁电、压电等)作为测试电容(C_x),通过施加电压,并串联一个参比电容(C_y),同时在C_y上施加电压V_y,将电压V_y施加在示波器的垂直偏电极上,使得示波器的纵轴电压(垂直幅度)与V_y成正比,也就是示波器的垂直幅度与电介质材料的极化强度(P)成正比关系,而示波器的横轴电压与电介质材料的外加电场强度(E)成正比。因此使用铁电测试系统的Sawyer-Tower电路能进行直观的P-E电滞回线测试。

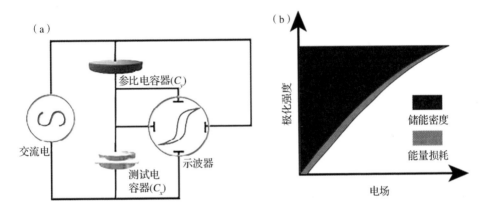

图2.6 电介质材料间接储能测试原理图

根据P-E电滞回线测试所得的数据,进行积分处理可得出电介质材料的可释放储能密度。如图2.6(b)所示,各种参数由下列公式表示[11-14]:

$$W_{\text{total}} = \int_0^{P_{\max}} E\,dP \qquad (2.15)$$

$$W_{\text{rec}} = \int_{P_r}^{P_{\max}} E\,dP \qquad (2.16)$$

$$\eta = \frac{W_{\text{rec}}}{W_{\text{total}}} = \frac{W_{\text{rec}}}{W_{\text{rec}} + W_{\text{loss}}} \times 100\% \qquad (2.17)$$

式中:W_{total}表示总储能密度;W_{rec}表示可释放储能密度;W_{loss}表示损耗能量[15];$P_{\max}$表示饱和极化强度;P_r为剩余极化强度;E为电场强度;P为极化强度。

2.4.9 直接储能测试

相较于间接测试储能计算,直接测试方法是采用RLC的电路测试系统,将电能转变为单位体积的焦耳热,其测试结果更符合实际情况。图 2.7 为电介质材料直接储能测试的原理图。

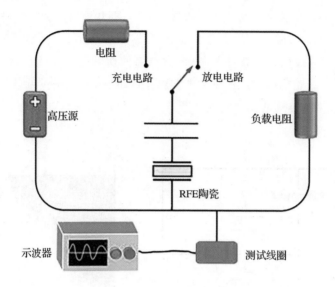

图 2.7　电介质材料直接储能测试原理图

直接测试分为充电和放电两个过程。首先在外加电场下,进行充电过程。然后将储存的能量通过负载电阻 R(200 Ω)进行放电过程,此过程也称为过阻尼放电过程。储存的能量通过示波器可以监控其放电电流,由放电电流可以算出储能材料的直接储能密度。而未加载电阻的放电行为称为欠阻尼放电过程。欠阻尼放电过程,可得出储能材料充放电速度的电流密度(current density,C_D)和功率密度(power density,P_D),同时 C_D 和 P_D 也是衡量储能材料性能的重要参数[16-19]。

$$W_{dis} = \frac{\int_0^t I(t)^2 R \, dt}{V} \tag{2.18}$$

$$C_D = \frac{I_{max}}{S} \tag{2.19}$$

$$P_D = \frac{E I_{max}}{2S} \tag{2.20}$$

式中:W_{dis} 为放电能量密度;I 为负载电流;V 为样品体积;I_{max} 为欠阻尼过程中的放电电流最大值;S 为有效电流面积。

参考文献

[1] BORKAR H, SINGH V N, SINGH B P, et al. Room temperature lead-free relaxor-antiferroelectric electroceramics for energy storage applications[J]. RSC Advances, 2014, 4(44): 22840-22847.

[2] YAN F, BAI H, ZHOU X, et al. Realizing superior energy storage properties in lead-free ceramics via a macro-structure design strategy[J]. Journal of Materials Chemistry A, 2020, 8(23): 11656-11664.

[3] CAI Z, ZHU C, WANG H, et al. Giant dielectric breakdown strength together with ultrahigh energy density in ferroelectric bulk ceramics via layer-by-layer engineering[J]. Journal of Materials Chemistry A, 2019, 7(29): 17283-17291.

[4] CAO W, LI T, CHEN P, et al. Outstanding energy storage performance of $Na_{0.5}Bi_{0.5}TiO_3$-$BaTiO_3$-$(Sr_{0.85}Bi_{0.1})(Mg_{1/3}Nb_{2/3})O_3$ lead-free ceramics[J]. ACS Applied Energy Materials, 2021, 4(9): 9362-9367.

[5] LI Q, YAO Z, NING L, et al. Enhanced energy-storage properties of $(1-x)(0.7Bi_{0.5}Na_{0.5}TiO_3$-$0.3Bi_{0.2}Sr_{0.7}TiO_3)$-$xNaNbO_3$ lead-free ceramics[J]. Ceramics International, 2018, 44(3): 2782-2788.

[6] MA Z Y, Ii Y, ZHAO Y, et al. High-performance energy-storage ferroelectric multilayer ceramic capacitors via nano-micro engineering[J]. Journal of Materials Chemistry A, 2023, 11: 7184-7192.

[7] FAN Y Z, ZHOU Z Y, CHEN Y, et al. A novel lead-free and high-performance barium strontium titanate-based thin film capacitor with ultrahigh energy storage density and giant power density[J]. Journal of Materials Chemistry C, 2020, 8: 50-57.

[8] CHEN J Y, TANG Z H, YANG B, et al. Ultra-high energy storage performances regulated by depletion region engineering sensitive to the electric field in PNP-type relaxor ferroelectric heterostructural films[J]. Journal of Materials Chemistry A, 2020, 8: 8010-8019.

[9] ZHAO X, BAI W, DING Y, et al. Tailoring high energy density with superior stability under low electric field in novel ($Bi_{0.5}Na_{0.5}$)TiO_3-based relaxor ferroelectric ceramics[J]. Journal of the European Ceramic Society, 2020, 40(13):4475-4486.

[10] 曾亦可, 刘梅冬, 王培英, 等. 铁电薄膜电滞回线测量研究[J]. 功能材料, 1998, (06):600-603.

[11] YAN F, YANG H, LIN Y, et al. Dielectric and ferroelectric properties of $SrTiO_3$-$Bi_{0.5}Na_{0.5}TiO_3$-$BaAl_{0.5}Nb_{0.5}O_3$ lead-free ceramics for high-energy-storage applications[J]. Inorganic Chemistry, 2017, 56(21):13510-13516.

[12] ZHANG Y, CAO M, YAO Z, et al. Effects of silica coating on the microstructures and energy storage properties of $BaTiO_3$ ceramics[J]. Materials Research Bulletin, 2015, 67:70-76.

[13] HUANG J, QI H, GAO Y, et al. Expanded linear polarization response and excellent energy-storage properties in ($Bi_{0.5}Na_{0.5}$)TiO_3-$KNbO_3$ relaxor antiferroelectrics with medium permittivity[J]. Chemical Engineering Journal, 2020, 398:125639.

[14] HU D, PAN Z, ZHANG X, et al. Greatly enhanced discharge energy density and efficiency of novel relaxation ferroelectric BNT-BKT-based ceramics[J]. Journal of Materials Chemistry C, 2020, 8(2):591-601.

[15] ZHAO Y, OUYANG J, WANG K, et al. Achieving an ultra-high capacitive energy density in ferroelectric films consisting of superfine columnar nanograins[J]. Energy Storage Materials, 2021, 39:81-88.

[16] QI H, ZUO R. Linear-like lead-free relaxor antiferroelectric ($Bi_{0.5}Na_{0.5}$)TiO_3-$NaNbO_3$ with giant energy-storage density/efficiency and super stability against temperature and frequency[J]. Journal of Materials Chemistry A, 2019, 7(8):3971-3978.

[17] LI Q, WANG J, LIU Z, et al. Enhanced energy-storage properties of $BaZrO_3$-modified 0.80$Bi_{0.5}Na_{0.5}TiO_3$-0.20$Bi_{0.5}K_{0.5}TiO_3$ lead-free ferroelectric ceramics[J]. Journal of Materials Science, 2015, 51(2):1153-1160.

[18] SHI P, ZHU L, GAO W, et al. Large energy storage properties of lead-free $(1-x)(0.72Bi_{0.5}Na_{0.5}TiO_3-0.28SrTiO_3)$-$xBiAlO_3$ ceramics at broad

temperature range[J].Journal of Alloys and Compounds,2019,784:788-793.

[19] WU Y,FAN Y,LIU N,et al. Enhanced energy storage properties in sodium bismuth titanate-based ceramics for dielectric capacitor applications[J]. Journal of Materials Chemistry C,2019,7(21):6222-6230.

稀土调控钛酸铋钠电畴结构及储能特性

第3章 NBT-SLT 陶瓷储能特性

在众多电能储存器件中,介电电容器因其高充放电速率而适用于大功率脉冲电源系统。然而,介电电容器的储能密度往往不是很高。因此研究提高其储能密度一直都是研究的热点。介电电容器的储能特性受介质材料的性能影响非常大。由储能密度计算公式[式(2.16)]可知,高的击穿场强、大的饱和极化以及小的剩余极化是高储能密度的保障。因此,可以通过引入介电弛豫行为降低剩余极化来获得高储能密度,也可以通过优化成型及烧结工艺提高击穿场强,从而有效提高储能密度[1-3]。

在本章中,制备了不同 $Na_{0.5}Bi_{0.5}TiO_3/Sr_{0.7}La_{0.2}TiO_3$ 比例的铁电陶瓷 $(1-x)Na_{0.5}Bi_{0.5}TiO_3\text{-}xSr_{0.7}La_{0.2}TiO_3$ [$(1-x)$NBT-xSLT],$x=0.35$,$x=0.4$,$x=0.45$),通过优化 SLT 在陶瓷组分中的占比,在不影响 NBT 陶瓷基体高饱和极化的情况下,提高材料的弛豫铁电性,提高击穿场强和减小剩余极化,进而提高材料的储能性能,详细研究了不同 NBT/SLT 比例铁电陶瓷的相结构、表面形貌、介电性能和储能行为。最终在 0.55NBT-0.45SLT 陶瓷中获得了最佳的储能性能,储能密度为 $2.86\,\text{J/cm}^3$,效率为 88%,而且该陶瓷在 $20\sim180\,℃$ 和 $1\sim125\,\text{Hz}$ 范围内表现出优异的储能稳定性。

3.1 NBT-SLT 陶瓷的微观结构

图 3.1 所示为不同 NBT/SLT 比例 NBT-SLT 陶瓷的 XRD 图谱,并没有观察到第二相。说明 SLT 的加入并没有影响陶瓷相结构的稳定性,所有陶瓷都是钙钛矿结构。这为接下来的掺杂和其他工艺研究提供了一个稳定的基础组分。通过(200)峰的放大图[图3.1(b)]可知,所有陶瓷的(200)衍射峰都没有分裂,表明陶瓷具有典型的假立方结构[4-5]。此外,随着 SLT 比例的升高,衍射峰向更低角度移动,这表明钙钛矿晶格随 SLT 含量的增加而不断增大。

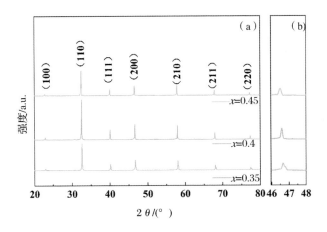

图 3.1 不同 NBT/SLT 比例 NBT-SLT 陶瓷的 XRD 图谱

(a) $(1-x)$NBT-xSLT(x=0.35,0.4,0.45)陶瓷的 XRD 衍射图；
(b) (200)峰的放大图

图 3.2 所示为 NBT-SLT 陶瓷的 SEM 图和粒径分布统计图。可以观察到，每个组分的陶瓷均具有致密的结构，没有发现明显的缺陷，说明陶瓷的制备工艺较为成熟。另外，图 3.2(d)列出了各组分陶瓷的平均晶粒尺寸，x=0.35,0.4,0.45 陶瓷的晶粒尺寸分别是 2.54 μm，2.43 μm 和 2.29 μm。也就是说，SLT 的掺杂可以降低陶瓷晶粒尺寸，小的晶粒尺寸可以减小缺陷的产生，从而有望获得高的击穿场强[6-8]。

图 3.2 NBT-SLT 陶瓷的 SEM 图和粒径分布统计图

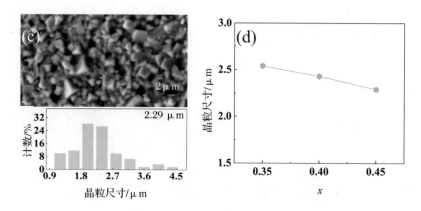

图 3.2　NBT-SLT 陶瓷的 SEM 图和粒径分布统计图(续)

(a)～(c)(1−x)NBT-xSLT(x=0.35,0.4,0.45)
陶瓷扫描电镜图、晶粒尺寸拟合图；(d)晶粒尺寸对比图

3.2　NBT-SLT 陶瓷的电学性能

图 3.3 所示为不同 NBT/SLT 比例下 NBT-SLT 陶瓷的温谱图。从图中可以看出，每个组分陶瓷的介电常数都随着温度的增加呈现先增加后减少的趋势，产生了一个介电常数的峰值。这往往说明，在该峰值对应的温度下，陶瓷由铁电相转变成了顺电相。随着 SLT 占比的增加，陶瓷的介电常数逐渐降低，这可能是由弛豫性增强导致的。另外，从图中还可以观察到，每一个比例下，介电峰值随着测试频率的增加，逐渐向温度高的方向移动，这正是陶瓷弛豫性的一种体现，即频率色散[9-11]。

图 3.4 为不同 NBT/SLT 比例 NBT-SLT 陶瓷的频谱图，同温谱一样，随着 SLT 占比的增加，介电常数逐渐减小，这同样也是由于 SLT 占比增加使陶瓷的弛豫性逐渐加强。随着频率的增加，介电常数整体呈下降趋势，说明频率会对陶瓷的稳定性产生一定的影响。

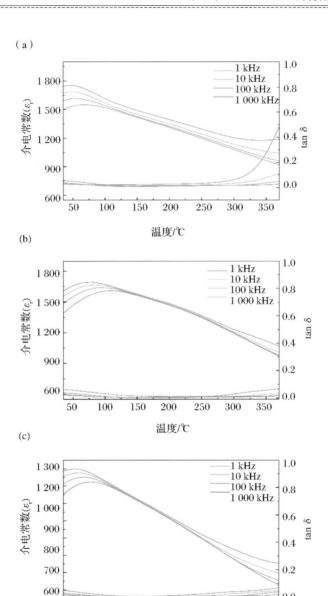

图 3.3 $(1-x)$NBT-xSLT($x=0.35,0.4,0.45$)陶瓷的介电温谱图和损耗图

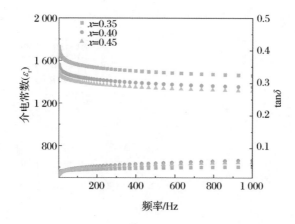

图 3.4　$(1-x)$NBT-xSLT($x=0.35,0.4,0.45$)陶瓷的介电频谱图和损耗图

图 3.5 展示了 NBT-SLT 陶瓷 BDS 的威布尔(Weibull)分布,通常用于 BDS 分析。Weibull 模量的值是通过实验数据线性拟合获得。从图中可以看出,NBT-SLT 陶瓷的击穿场强随 SLT 含量的增加逐渐增加,分别为 150,185,220 kV/cm,这与预期结果相同,即晶粒尺寸的减小,使陶瓷致密度提高,缺陷进一步减少,进而极大地提高了击穿场强。

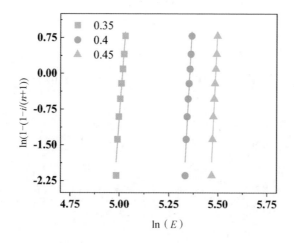

图 3.5　$(1-x)$NBT-xSLT($x=0.35,0.4,0.45$)陶瓷的 Weibull 分布图

3.3 NBT-SLT 陶瓷的储能性能

图 3.6(a)所示为不同 NBT/SLT 比例的 NBT-SLT 陶瓷的 P-E 曲线,通过对 P-E 曲线进行计算可以获得陶瓷的储能性能。随着 SLT 含量的增加,NBT-SLT 陶瓷在相同电场下的最大极化逐渐减小,P-E 曲线总体保持着纤细的形状。图 3.6(b)给出了不同 NBT-SLT 陶瓷在其击穿电场下的最大极化值与剩余极化值。随着 SLT 含量的上升,陶瓷的饱和极化值逐渐降低,这是弛豫特性的体现之一。SLT 的加入使得 NBT 基陶瓷长程有序的铁电畴被打乱,产生短程有序的极性纳米区域及纳米畴,降低了饱和极化。SLT 的占比越多,陶瓷的弛豫性越强,所以饱和极化下降。

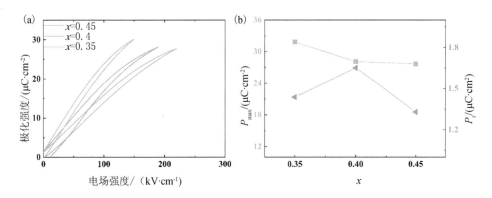

图 3.6 NBT-SLT 陶瓷的 P-E 曲线及极化对比图

(a)$(1-x)$NBT-xSLT($x=0.35,0.4,0.45$)陶瓷在 BDS 上的 P-E 曲线;
(b)$(1-x)$NBT-xSLT($x=0.35,0.4,0.45$)陶瓷在 BDS 上的极化对比图

图 3.7 所示为不同 NBT/SLT 比例 NBT-SLT 陶瓷的储能性能对比图。$x=0.35,0.4,0.45$ 陶瓷的 W_{tot} 分别为 2.05 J/cm³,2.51 J/cm³,2.86 J/cm³;W_{rec} 分别为 1.81 J/cm³,2.13 J/cm³,2.52 J/cm³;η 分别为 87%,85%,88%。随着 SLT 含量的增加,NBT-SLT 陶瓷的储能密度逐渐增加,储能效率则先减小后增加。显然,0.55NBT-0.45SLT 陶瓷储能最佳。

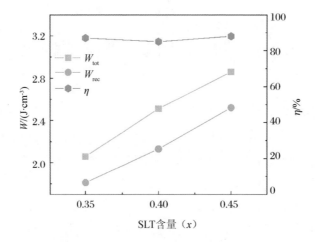

图 3.7　$(1-x)$NBT-xSLT($x=0.35,0.4,0.45$) 陶瓷根据 P-E 曲线计算的 W_{tot},W_{rec} 和 η 对比图

为了进一步研究 0.55NBT-0.45SLT 陶瓷的储能性能,图 3.8(a)展示了其在不同电场下的电滞回线,图 3.8(b)则给出了陶瓷在不同电场下的最大极化值。由图可知,随着电场的增大,陶瓷的极化值不断增加,且增加的速率逐渐降低。这说明,随着测试电场的增加,逐渐接近陶瓷的击穿电场,陶瓷的极化也逐渐接近最佳的饱和状态。

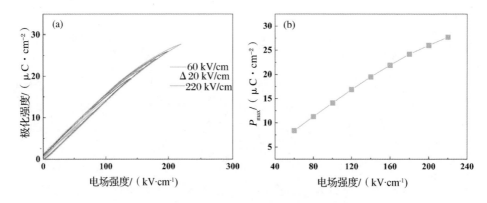

图 3.8　不同电场下的电滞回线及极化图
(a)0.55NBT-0.45SLT 陶瓷在不同电场下 P-E 曲线;
(b)0.55NBT-0.45SLT 陶瓷在不同电场下饱和极化图

图 3.9 展示了 0.55NBT-0.45SLT 陶瓷总储能密度、可释放储能密度以及

储能效率随测试电场的变化规律。从图中可以看出,随着电场增加,0.55NBT-0.45SLT 陶瓷的储能密度不断增加。陶瓷的储能效率变化较为平缓,说明在不同电场下陶瓷的性能非常稳定,陶瓷展示了很好的稳定性。

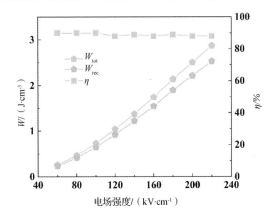

图 3.9　0.55NBT-0.45SLT 陶瓷在不同电场下储能性能图

图 3.10 展示了 0.55NBT-0.45SLT 陶瓷在不同测试温度和频率下的 -E 曲线和储能性能(测试电场为 200 kV/cm),这反映了陶瓷在不同温度和频率范围内的稳定性。0.55NBT-0.45SLT 陶瓷在 25～125 ℃温度范围内,可释放储能密度从 2.03 J/cm³ 下降到 1.72 J/cm³,下降幅度不大,且储能效率变化不明显,表现出较好的温度稳定性。在 20～140 Hz 范围内,0.55NBT-0.45SLT 陶瓷的可释放储能密度在 1.98 J/cm³ 至 1.90 J/cm³ 范围内轻微波动,储能效率略有下降但不明显,说明陶瓷具有优异的频率稳定性。

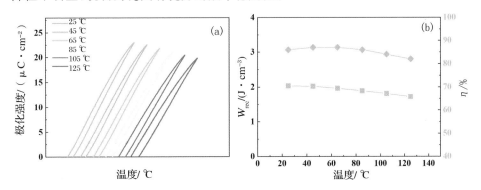

图 3.10　0.55NBT-0.45SLT 陶瓷在不同测试温度和频率下的 P-E 图和储能性能图

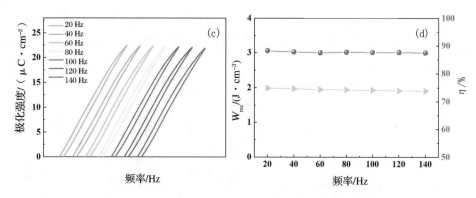

图 3.10　0.55NBT-0.45SLT 陶瓷在不同测试温度和频率下的 $P\text{-}E$ 图和储能性能图(续)
(a),(c) $P\text{-}E$ 图;(b),(d)储能性能图

3.4　本章小结

(1)本章主要制备了不同 NBT/SLT 比例的 NBT-SLT 陶瓷,并对陶瓷各项性能进行了详细的研究。研究表明:通过改变 NBT/SLT 比例可以调控铁电陶瓷的相结构。随着 SLT 含量的增加,铁电陶瓷的衍射峰向低角度移动,这表明钙钛矿晶格的膨胀。

(2)当 SLT 占比为 45% 时表现出最好的储能性能,陶瓷的 W_{rec} 为 2.52 J/cm³,储能效率为 88%,并且展现出良好的频率、电场稳定性。高比例的 SLT 含量如 0.55NBT-0.45SLT 会使铁电陶瓷具有更好的击穿电场,这得益于晶粒尺寸的降低,有利于获得高储能密度。

(3)0.55NBT-0.45SLT 陶瓷具有较好的击穿场强和较好的储能密度,具有对其掺杂改性的潜力,SLT 含量较少的陶瓷具有极化大的优势,可以在后期与弛豫铁电体结合以获得更高的储能性能。

参考文献

[1] LI Z,LI D,SHEN Z,et al. Remarkably enhanced dielectric stability and

energy storage properties in BNT-BST relaxor ceramics by A-site defect engineering for pulsed power applications[J].Journal of Advanced Ceramics,2022,11(2):283-294.

[2] KUMARI P K,NIRANJAN M K.Surface electronic structure,thermodynamic stability of $Na_{1/2}Bi_{1/2}TiO_3$(001) surfaces and their relevance to A-site cation ordering in bulk phases:A first-principles study[J].Solid State Sciences,2020,102:106161.

[3]LUO C,FENG Q,LUO N,et al. Effect of Ca^{2+}/Hf^{4+} modification at A/B sites on energy-storage density of $Bi_{0.47}Na_{0.47}Ba_{0.06}TiO_3$ ceramics[J]. Chemical Engineering Journal,2021,420:129861.

[4]JIANG X,HAO H,ZHANG S,et al. Enhanced energy storage and fast discharge properties of $BaTiO_3$ based ceramics modified by $Bi(Mg_{1/2}Zr_{1/2})O_3$ [J].Journal of the European Ceramic Society,2019,39(4):1103-1109.

[5]HUANG J,QI H,GAO Y,et al. Expanded linear polarization response and excellent energy-storage properties in $(Bi_{0.5}Na_{0.5})TiO_3$-$KNbO_3$ relaxor antiferroelectrics with medium permittivity[J].Chemical Engineering Journal,2020,398:125639.

[6] QIANG H,XU Z.Enhanced energy storage properties of La-doped $Pb_{0.99}Nb_{0.02}(Zr_{0.85}Sn_{0.13}Ti_{0.02})_{0.98}O_3$ antiferroelectric ceramics[J].Journal of Materials Science:Materials in Electronics,2020,31(17):14921-14929.

[7]QU N,DU H,HAO X. A new strategy to realize high comprehensive energy storage properties in lead-free bulk ceramics[J].Journal of Materials Chemistry C,2019,7(26):7993-8002.

[8]DU H,YANG Z,GAO F,et al. Lead-free nonlinear dielectric ceramics for energy storage applications:current status and challenges[J].Journal of Inorganic Materials,2018,33(10):1046-1058.

[9]TAO C,GENG X,ZHANG J,et al. $Bi_{0.5}Na_{0.5}TiO_3$-$BaTiO_3$-$K_{0.5}Na_{0.5}NbO_3$:ZnO relaxor ferroelectric composites with high breakdown electric field and large energy storage properties[J]. Journal of the European Ceramic Society,2018,38(15):4946-4952.

[10] TU S,GUO Y,ZHANG Y,et al. Piezocatalysis and piezo-

photocatalysis: catalysts classification and modification strategy, reaction mechanism, and practical application[J]. Advanced Functional Materials, 2020, 30(48):2005158.

[11] ULLAH A, ULLAH M, ULLAH A, et al. Dielectric and electromechanical properties of Zr-doped BNT-ST lead-free piezoelectric ceramics[J]. Journal of the Korean Physical Society, 2019, 74(6):589-594.

第4章　NBT-SNT 陶瓷储能特性

介电电容器的储能性能主要由其中作为内介质层的介电材料所决定,高击穿场强,大饱和极化以及小剩余极化的介电材料一直以来是介电储能领域的研究热点[1-2]。在本章中,通过采用协同策略,在$(1-x)Na_{0.5}Bi_{0.5}TiO_3$-$xSr_{0.7}Nd_{0.2}TiO_3$($(1-x)$NBT-$x$SNT)铁电陶瓷中获得了优异的储能性能。通过提高$Sr_{0.7}Nd_{0.2}TiO_3$这一组元在 NBT 基陶瓷中的占比,在提高介电材料击穿强度的同时,增强了材料的弛豫特性,从而得到优异的储能性能。本章对 NBT-SNT 陶瓷的相结构、微观结构、电学性能以及储能性能进行了详细研究。

4.1　NBT-SNT 陶瓷的微观结构

图 4.1 所示为不同 NBT/SNT 比例的 NBT-SNT 弛豫铁电陶瓷的 XRD 图谱。所有陶瓷样品均表现为纯钙钛矿结构,没有明显的第二相生成[3],这表明不同比例的 SNT 引入并没有对 NBT 基陶瓷相结构的稳定性产生影响。此外,通过对(111)和(200)这两个峰进行放大观察,发现随着 SNT 比例的增加,衍射峰逐渐向高角度移动,这是由于 A 位的 Bi^{3+}(离子半径为 0.103 nm)和 Na^+(离子半径为 0.098 3 nm)离子被小半径的 Nd^{3+}(离子半径为 0.102 nm)取代使得晶格收缩[4-6]。

图 4.2 显示了$(1-x)$NBT-xSNT 陶瓷的 SEM 图像和晶粒尺寸分布直方图。通过观察发现,$x=0.2$ 的陶瓷的微观结构较为疏松,存在大量孔隙。随着 SNT 含量的增加,陶瓷的致密化程度增加,其中存在的气孔消失。此外,基于 SEM 图像,利用 Nano Measurer 软件对 200 个晶粒的尺寸进行记录分析,以获得晶粒尺寸分布图[7]。当 x 从 0.2 增加到 0.6 时,平均晶粒尺寸从 2.53 μm 减小到 0.96 μm,晶粒分布更加均匀。较小的晶粒尺寸和致密的结构有利于提高陶瓷的击穿场强[8-9]。

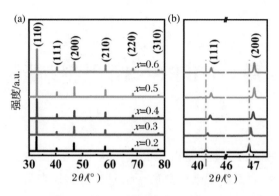

图 4.1 不同 NBT/SNT 比例的 NBT-SNT 弛豫铁电陶瓷 XRD 图谱

(a)（1−x）NBT-xSNT 陶瓷 XRD 衍射图；(b)（111）和（200）衍射峰放大图

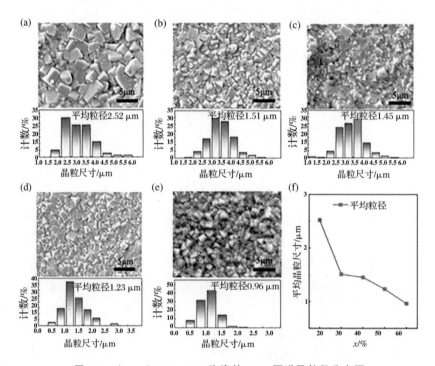

图 4.2 （1−x）NBT-xSNT 陶瓷的 SEM 图谱及粒径分布图

图 4.3(a)~(e)显示了（1−x）NBT-xSNT 陶瓷的平面外 PFM 图像,相位图中亮区的偏振方向与暗区相反。其中,亮区和暗区分别代表向上和向下偏振[10],通过明暗对比度的变化来观察畴结构,以此来展示弛豫特性的演化。在

图 4.3(a)中可以观察到交替的明暗区,这表明此时 $x=0.2$ 的样品中具有清晰完整且长程有序的铁电畴。随着 SNT 含量的不断增加,此时 PFM 图像中的明暗对比变得模糊,说明铁电畴逐渐变小且变得不规则。这是由于 SNT 的引入,所产生的离子取代使得周围结构和电荷变得不均匀,从而导致了局部随机电场的产生。局部随机电场打破了铁电体的长程有序,降低了畴的大小,产生了极性纳米微区(PNRs)[11],这使得陶瓷的弛豫行为得到极大提高。为了深入了解畴结构的行为特征,本章还对所有样品的选定区域进行了压电响应回路测试。研究发现,典型铁电畴具有饱和的方形相位环,而 PNRs 则呈现压缩的相位环[12]。简而言之,随着 NBT 中 SNT 比例的增加,铁电畴的长程有序被破坏,并且出现了 PNRs,从而导致铁电体向弛豫铁电体转变。

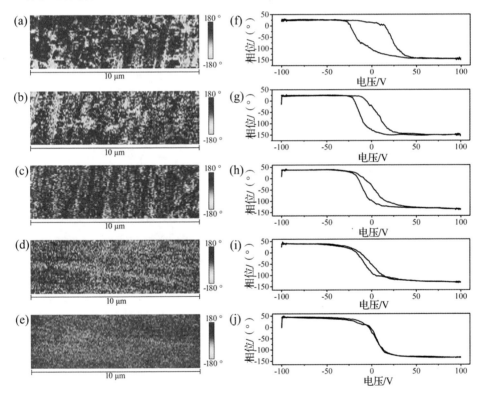

图 4.3 $(1-x)$NBT-xSNT 陶瓷相的平面外 PFM 图像和压电响应相图

4.2 NBT-SNT 陶瓷的电学性能

图 4.4(a)～(e)显示了$(1-x)$NBT-xSNT 弛豫铁电陶瓷在 1 kHz～1 MHz 范围内的介电温谱。随着温度升高,介电损耗(tanδ)呈现先下降后上升的趋势。这可以归因于氧空位在较高温度下被激活,导致了电导率的增加。从介电常数随温度的变化曲线中观察到随着温度上升出现了两个介电峰,分别对应为最大介电峰值(T_m)和低温峰值(T_s)。对于 NBT 基陶瓷,T_s处的介电异常归因于三方相和四方相结构 PNRs 的热演化。T_m则对应于 PNRs 从三方相向四方相结构转变,与 PNRs 的热演化有关[13-15]。随着测试频率增加,此时 T_s 逐渐向高温偏移,ε_r 和 tanδ 在 T_s 附近表现出明显的频率色散,这种现象也是弛豫铁电材料中的典型介电特性。随着 SNT 的比例逐渐增加,T_m峰降低并出现扩散,弥散相变行为增强,这也说明陶瓷的弛豫特性增强。这是由于 A 位 Nd^{3+} 与 $(Na_{0.5}Bi_{0.5})^{2+}$ 之间存在半径和价态的差异,这使得长程驱动的偶极子和平移对称性之间产生竞争,从而增强随机电场。而伴随着局部随机电场产生的 PNRs 将表现出典型的弛豫特性[16]。图 4.4(f)显示 T_s、T_m 和最大相对介电常数(ε_m)随着 SNT 含量的增加而逐渐减小。这一结果表明,随着 SNT 含量的增加,局部晶格产生畸变,铁电长程有序被破坏,导致 PNRs 的动力学逐渐增加,从而弛豫特性得到提高。

击穿场强(BDS)是影响陶瓷储能性能的重要因素之一。为了表征陶瓷的 BDS,基于每种陶瓷的八个样品获得了 Weibull 分布,其结果如图 4.5(a)所示。每个组分陶瓷的形状参数(β)都高于 13,此时数据点拟合良好。陶瓷的 BDS 变化如图 4.5(b)所示。当 x 从 0.2 增加到 0.6,对应的 BDS 从140 kV/cm增加到 320 kV/cm。BDS 和晶粒尺寸(G)之间的关系通过以下关系计算:

$$\text{BDS} = \frac{1}{\sqrt{G}} \tag{3.1}$$

由此可见,随 SNT 含量的增加,陶瓷的 BDS 的大幅度提高,可以归因于晶粒尺寸随着 SNT 比例的增高而减小,较高的 BDS 表明其具有良好的绝缘特性[17]。

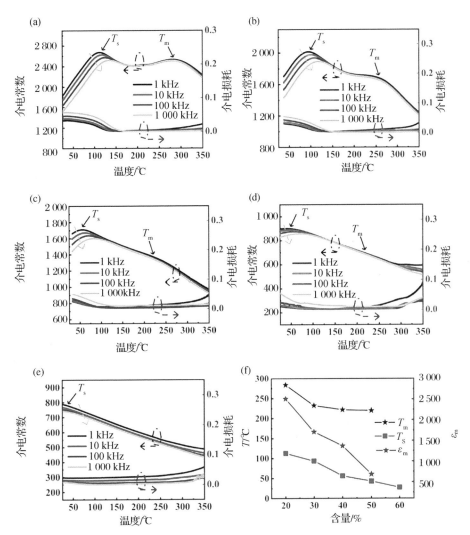

图 4.4 (1−x)NBT-xSNT 陶瓷不同频率下介电常数和介电损耗的温度相关性
(a) x=0.2, (b) x=0.3, (c) x=0.4, (d) x=0.5,
(e) x=0.6 和 (f)(1−x)NBT-xSNT 的 T_m、T_s 和 ε_m

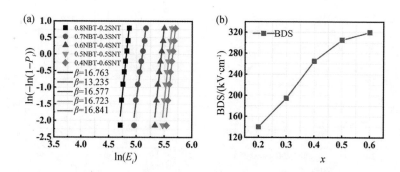

图 4.5 $(1-x)$NBT-xSNT 陶瓷的 Weibull 分布及 BDS 值
(a)$(1-x)$NBT-xSNT 弛豫铁电陶瓷的 Weibull 分布；
(b)计算出的$(1-x)$NBT-xSNT 陶瓷的 BDS 值

4.3 NBT-SNT 陶瓷的储能性能

为了研究$(1-x)$NBT-xSNT 弛豫铁电陶瓷的储能性能，在击穿电场下对其 P-E 电滞回线进行测试，结果如图 4.6(a)所示。由图可知，随着 SNT 比例的增加，P_{max} 和 P_r 逐渐降低，P-E 电滞回线逐渐变得细长。P_{max} 的降低可能是由于弱极性相和极性相之间的转换，P_r 可以通过无外加电场时的不可逆电偶极子的数量来确定，不可逆电偶极的数量很大程度上取决于晶粒尺寸和 PNRs。随着 SNT 的引入，NBT 陶瓷中的铁电长程有序被破坏，形成短程无序的 PNRs。这种结构可以有效降低陶瓷的 P_r，从而提高 NBT-SNT 陶瓷的储能密度和储能效率。基于 P-E 电滞回线，图 4.6(b)为 NBT-SNT 弛豫铁电陶瓷在击穿电场下的总储能密度(W_{tot})，可释放储能密度(W_{rec})和储能效率(η)。当 SNT 含量从 0.2 增加到 0.6 时，$(1-x)$NBT-xSNT 陶瓷的储能效率从 61% 大幅增加到 88%。特别是，在 $x=0.5$ 陶瓷中，具有 3.85 J/cm³ 的可释放储能密度，η 也达到 85.2%，表现出较低的能量损失。

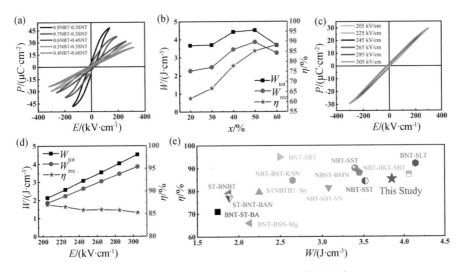

图 4.6 (1−x)NBT-xSNT 陶瓷储能性能测试

(a)(1−x)NBT-xSNT 陶瓷不同电场下的 P-E 电滞回线；

(b)(1−x)NBT-xSNT 陶瓷不同电场下的储能密度和效率；

(c)0.5NB-0.5SNT 陶瓷在变化电场下的 P-E 电滞回线；

(d)0.5NBT-0.5SNT 陶瓷不同电场下的储能密度和效率；

(e)NBT 基陶瓷各组分的可释放储能密度和储能效率对比图

为了进一步阐明 0.5NBT-0.5SNT 陶瓷的储能性能，图 4.6(c)为在室温和 10 Hz 下的测试条件下，0.5NBT-0.5SNT 陶瓷在不同电场下的 P-E 电滞回线。从图中可以发现，随着电场从 205 kV/cm 增加到 305 kV/cm，P_{max} 从 20 μC/cm² 增加到 29 μC/cm²。增强的 P_{max} 和 BDS 有利于在 0.5NBT-0.5SNT 陶瓷中获得更大的 W_{rec}。图 4.6(d)给出了 0.5NBT-0.5SNT 陶瓷在不同外加电场下的 W_{tot}、W_{rec} 和 η。可以观察到，W_{tot} 和 W_{rec} 分别从 2.1 J/cm³ 和 1.9 J/cm³ 增加到 4.52 J/cm³ 或 3.85 J/cm³。由于导电性增强，η 从 87.5% 略微降低到 85.2%。

为了更好地评估(1−x)NBT-xSNT 的储能性能，图 4.6(e)将 0.5NBT-0.5SNT 陶瓷和其他以 NBT 基陶瓷的储能特性进行对比[1,6,8,18-27]。我们可以发现，大多数 NBT 基陶瓷的 W_{rec} 和 η 分别小于 3 J/cm³ 和 80%。综上所述，x = 0.5 的弛豫铁电陶瓷具有较高的可释放储能密度和储能效率。

温度稳定性和频率稳定性是衡量电介质材料能否在极端环境下使用的指

标,它们决定了电介质材料可工作环境以及使用寿命。图 4.7(a)给出了 0.5NBT-0.5SNT 陶瓷在 10 Hz 和 200 kV/cm 的测试条件下,20~120 ℃ 范围内测得的 P-E 电滞回线。所有 P-E 电滞回线都表现出极其纤细的形状。0.5NBT-0.5SNT 陶瓷的 W_{loss}、W_{rec} 和 η 的随温度的变化如图 4.7(b)所示。可以观察到在 0.5NBT-0.5SNT 陶瓷中具有令人满意的温度稳定性,W_{rec} 在测试温度范围内变化小于 10%。图 4.7(c)显示了在 200 kV/cm 外加电场下,20~180 Hz 频率范围内测量的 P-E 电滞回线。可以清楚地看到,P-E 电滞回线形状几乎没有变化。图 4.7(d)显示了不同频率下 W_{loss}、W_{rec} 和 η 的变化趋势,W_{rec} 和 η 的变化率均低于 10%。根据上述分析,0.5NBT-0.5SNT 陶瓷在宽的温度和频率范围内具有优异的稳定性。

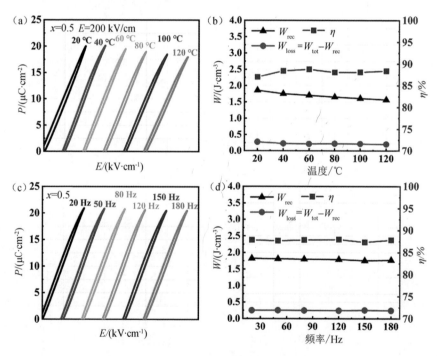

图 4.7 0.5NBT-0.5SNT 陶瓷储能性能测试

(a)0.5NBT-0.5SNT 陶瓷不同温度下的 P-E 电滞回线;(b)不同温度下的 W_{rec},W_{loss} 与 η 变化图;(c)0.5NBT-0.5SNT 陶瓷不同频率下的 P-E 电滞回线;(b)不同频率下的 W_{rec},W_{loss} 与 η 变化图

为了研究 0.5NBT-0.5SNT 陶瓷的实际储能性能,采用脉冲放电法测试获

得其放电能量密度。图4.8(a)为不同电场下的 $x=0.5$ 组分陶瓷的过阻尼放电电流曲线。可以看出随着电场强度的增加,$x=0.5$ 组分陶瓷材料的电流峰值达到 11 A。图4.8(b)为 $x=0.5$ 组分陶瓷不同电场下的放电能量密度曲线,W_{dis} 从 50 kV/cm 时的 0.17 J/cm³ 增加到 250 kV/cm 时的 2.03 J/cm³。直接测试所得到的脉冲放电能量密度略低于间接测试所得到的 W_{rec},这是由于两种不同测试方法所使用的测试机制不同。除此之外,通常通过放电参数 $t_{0.9}$ 来判断介电材料放电速度,$t_{0.9}$ 是指放电能量密度达到最终能量密度90%时所需要的时间。对于 $x=0.5$ 组分陶瓷来说,其 $t_{0.9}$ 仅为 136 ns,这表明 $x=0.5$ 组分具有极快的放电速度。图4.8(c)显示了在欠阻尼状态下,即负载电阻为零时的脉冲放电电流。随着电场的增加,第一峰值电流(I_{max})的幅值逐渐增大,当外加电场为 250 kV/cm 时,电流达到最大值,为 10.6 A。以上结果表明,陶瓷具有稳定的放电行为。相应的电流密度(C_D)和功率密度(P_D)也表现出与 I_{max} 相似的增长趋势,如图4.8(d)所示。在 250 kV/cm 的电场下,C_D 和 P_D 分别达到 1 401 A/cm² 和 175 MW/cm³,优于诸多近期的研究结果。

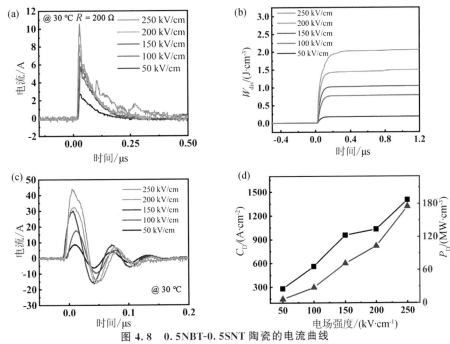

图 4.8 0.5NBT-0.5SNT 陶瓷的电流曲线

(a),(b)不同电场下的 0.5NBT-0.5SNT 陶瓷过阻尼放电电流曲线;
(c),(d)欠阻尼放电电流曲线

此外，不同工作温度下充放电性能的稳定性对于评估其整体性能也尤为重要。图4.9(a)~(c)显示了0.5NBT-0.5SNT陶瓷在150 kV/cm，从30 ℃到120 ℃的放电电流曲线。显然，W_{dis}并没有显著的变化，$t_{0.9}$在30~120 ℃范围内波动在37~43 ns之间。可见0.5NBT-0.5SNT陶瓷在很宽的温度范围内具有极快的放电速度，表现出优秀的温度稳定性。图4.9(d)显示了0.5NBT-0.5SNT陶瓷在不同工作温度下的欠阻尼放电波形。C_D和P_D在20~120 ℃的宽温度范围内变化率小于10%。

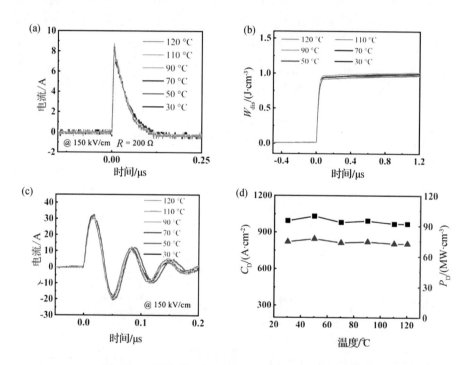

图4.9 不同温度下0.5NBT-0.5SNT陶瓷的电流曲线
(a)~(c)过阻尼放电电流曲线；(d)欠阻尼放电电流曲线

4.4 本章小结

本章主要制备了不同NBT/SNT比例的NBT-SNT弛豫铁电陶瓷，并对陶瓷结构、微观形貌、电学性能和储能行为进行了详细的研究。研究表明：

(1) SNT 的引入大大降低了陶瓷晶粒尺寸大小,使得击穿场强得到大幅度提高,除此之外,SNT 的引入诱导产生了极性纳米微区,使得陶瓷弛豫特性得到明显增强。

(2) 0.5NBT-0.5SNT 陶瓷表现出优异的储能性能。在 305 kV/cm 的电场下,陶瓷的 W_{rec} 最高为 3.85 J/cm³,效率为 85.2%,同时,陶瓷样品还表现出优异的温度稳定性和频率稳定性。

(3) 在 0.5NBT-0.5SNT 弛豫铁电陶瓷中,在 250 kV/cm 的外加电场作用下,电流密度达到 1 401 A/cm²,功率密度达到 175 MW/cm³,并在宽温度范围内下保持优秀的稳定性。

参考文献

[1] HU D,PAN Z,ZHANG X,et al. Greatly enhanced discharge energy density and efficiency of novel relaxation ferroelectric BNT-BKT-based ceramics[J].Journal of Materials Chemistry C,2020,8(2):591-601.

[2] ZHAO Y,OUYANG J,WANG K,et al. Achieving an ultra-high capacitive energy density in ferroelectric films consisting of superfine columnar nanograins[J].Energy Storage Materials,2021,39:81-88.

[3] LI Q,WANG J,LIU Z,et al. Enhanced energy-storage properties of $BaZrO_3$-modified $0.80Bi_{0.5}Na_{0.5}TiO_3 - 0.20Bi_{0.5}K_{0.5}TiO_3$ lead-free ferroelectric ceramics[J]. Journal of Materials Science,2015,51(2):1153-1160.

[4] BUTNOI P,MANOTHAM S,JAITA P,et al. High thermal stability of energy storage density and large strain improvement of lead-free $Bi_{0.5}(Na_{0.4}K_{0.1})TiO_3$ piezoelectric ceramics doped with La and Zr[J].Journal of the European Ceramic Society,2018,38(11):3822-3832.

[5] ZHANG L,PU Y,CHEN M,et al. Novel $Na_{0.5}Bi_{0.5}TiO_3$ based,lead-free energy storage ceramics with high power and energy density and excellent high-temperature stability [J]. Chemical Engineering Journal, 2020, 383:123154.

[6] SHI P,ZHU L,GAO W,et al. Large energy storage properties of lead-

free $(1-x)(0.72Bi_{0.5}Na_{0.5}TiO_3-0.28SrTiO_3)-xBiAlO_3$ ceramics at broad temperature range[J].Journal of Alloys and Compounds,2019,784:788-793.

[7] QIAO X,WU D,ZHANG F,et al.Enhanced energy density and thermal stability in relaxor ferroelectric $Bi_{0.5}Na_{0.5}TiO_3-Sr_{0.7}Bi_{0.2}TiO_3$ ceramics [J].Journal of the European Ceramic Society,2019,39(15):4778-4784.

[8] QIAO X,ZHANG F,WU D,et al. Superior comprehensive energy storage properties in $Bi_{0.5}Na_{0.5}TiO_3$-based relaxor ferroelectric ceramics[J]. Chemical Engineering Journal,2020,388:124158.

[9] ZHENG P,ZHANG J L,TAN Y Q,et al.Grain-size effects on dielectric and piezoelectric properties of poled $BaTiO_3$ ceramics [J]. Acta Materialia,2012,60(13-14):5022-5030.

[10] LI Y,SUN N,DU J,et al. Stable energy density of a PMN-PST ceramic from room temperature to its Curie point based on the synergistic effect of diversified energy[J].Journal of Materials Chemistry C,2019,7(25):7692-7699.

[11] SUN N,LI Y,LIU X,et al. High energy-storage density under low electric field in lead-free relaxor ferroelectric film based on synergistic effect of multiple polar structures[J].Journal of Power Sources,2020,448:227457.

[12] ZHANG L,WANG Z,LI Y,et al.Enhanced energy storage performance in Sn doped $Sr_{0.6}(Na_{0.5}Bi_{0.5})_{0.4}TiO_3$ lead-free relaxor ferroelectric ceramics[J].Journal of the European Ceramic Society,2019,39(10):3057-3063.

[13] LI Q,YAO Z,NING L,et al. Enhanced energy-storage properties of $(1-x)(0.7Bi_{0.5}Na_{0.5}TiO_3-0.3Bi_{0.2}Sr_{0.7}TiO_3)-xNaNbO_3$ lead-free ceramics[J]. Ceramics International,2018,44(3):2782-2788.

[14] YANG H,YAN F,LIN Y,et al. Enhancedenergy-storage properties of lanthanum-doped $Bi_{0.5}Na_{0.5}TiO_3$-based lead-free ceramics [J]. Energy Technology,2018,6(2):357-365.

[15] GAO F,DONG X,MAO C,et al. Energy-storage properties of $0.89Bi_{0.5}Na_{0.5}TiO_3-0.06BaTiO_3-0.05K_{0.5}Na_{0.5}NbO_3$ lead-free anti-ferroelectric ceramics[J]. Journal of the American Ceramic Society,2011,94(12):4382-4386.

[16] LIU X, SHI J, ZHU F, et al. Ultrahigh energy density and improved discharged efficiency in bismuth sodium titanate based relaxor ferroelectrics with A-site vacancy[J]. Journal of Materiomics, 2018, 4(3): 202-207.

[17] LIU X, YANG T, GONG W. Comprehensively enhanced energy-storage properties in $(Pb_{1-3x/2}La_x)(Zr_{0.995}Ti_{0.005})O_3$ antiferroelectric ceramics via composition optimization[J]. Journal of Materials Chemistry C, 2021, 9: 12399-12407.

[18] PAN Z, HU D, ZHANG Y, et al. Achieving high discharge energy density and efficiency with NBT-based ceramics for application in capacitors[J]. Journal of Materials Chemistry C, 2019, 7(14): 4072-4078.

[19] WU Y, FAN Y, LIU N, et al. Enhanced energy storage properties in sodium bismuth titanate-based ceramics for dielectric capacitor applications[J]. Journal of Materials Chemistry C, 2019, 7(21): 6222-6230.

[20] LI J, LI F, XU Z, et al. Multilayer lead-free ceramic capacitors with ultrahigh energy density and efficiency[J]. Advanced Materials, 2018, 30(32): 1802155.

[21] WANG C, YAN F, YANG H, et al. Dielectric and ferroelectric properties of $SrTiO_3$-$Bi_{0.54}Na_{0.46}TiO_3$-$BaTiO_3$ lead-free ceramics for high energy storage applications[J]. Journal of Alloys and Compounds, 2018, 749: 605-611.

[22] YAN F, YANG H, LIN Y, et al. Dielectric and ferroelectric properties of $SrTiO_3$-$Bi_{0.5}Na_{0.5}TiO_3$-$BaAl_{0.5}Nb_{0.5}O_3$ lead-free ceramics for high-energy-storage applications[J]. Inorganic Chemistry, 2017, 56(21): 13510-13516.

[23] LIN Y, LI D, ZHANG M, et al. $(Na_{0.5}Bi_{0.5})_{0.7}Sr_{0.3}TiO_3$ modified by $Bi(Mg_{2/3}Nb_{1/3})O_3$ ceramics with high energy-storage properties and an ultrafast discharge rate[J]. Journal of Materials Chemistry C, 2020, 8(7): 2258-2264.

[24] QIAO X, SHENG A, WU D, et al. A novel multifunctional ceramic with photoluminescence and outstanding energy storage properties[J]. Chemical Engineering Journal, 2021, 408: 127368.

[25] CUI C, PU Y. Effect of Sn substitution on the energy storage properties of $0.45SrTiO_3$-$0.2Na_{0.5}Bi_{0.5}TiO_3$-$0.35BaTiO_3$ ceramics[J]. Journal

of Materials Science,2018,53(13):9830-9841.

[26]ZHANG L,PU Y,CHEN M,et al. Antiferroelectric-like properties in MgO-modified 0.775Na$_{0.5}$Bi$_{0.5}$TiO$_3$-0.225BaSnO$_3$ ceramics for high power energy storage[J]. Journal of the European Ceramic Society,2018,38(16):5388-5395.

[27]YANG L,KONG X,CHENG Z,et al. Ultra-high energy storage performance with mitigated polarization saturation in lead-free relaxors[J]. Journal of Materials Chemistry A,2019,7(14):8573-8580.

第5章 NBT-SST 陶瓷储能特性

本章通过流延法制备 $0.5Na_{0.5}Bi_{0.5}TiO_3$-$0.5Sr_{1-1.5x}Sm_xTiO_3$（简称 NBT-SST；$x=0.1,0.15,0.2,0.25$）弛豫铁电陶瓷，掺杂不同量的 Sm^{3+} 来探究 NBT-SST 弛豫铁电陶瓷的结构，介电以及储能方面的规律，图 5.1 所示为 Sm^{3+} 对 NBT-SST 弛豫铁电陶瓷的影响示意图。

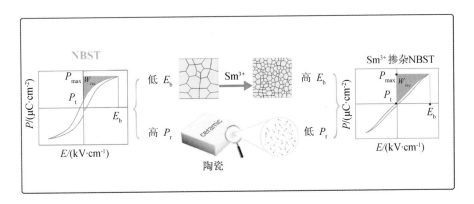

图 5.1　NBT-ST 掺杂 Sm^{3+} 示意图

5.1　NBT-SST 陶瓷的微观结构

图 5.2 所示为 NBT-SST 弛豫铁电陶瓷的 XRD 图谱。从图中可以看出，所有陶瓷的主晶相为钙钛矿结构。同时，随着 Sm^{3+} 含量增加，在 $x=0\sim0.2$ 陶瓷组分之内，没有多余的杂质相。而在 $0.5Na_{0.5}Bi_{0.5}TiO_3$-$0.5Sr_{0.625}Sm_{0.25}TiO_3$（$x=0.25$）的比例下出现杂质相 $Sm_2Ti_2O_7$，这是由于掺杂 Sm^{3+} 过量造成的，相似的现象在 $Na_{0.5}Bi_{0.5}TiO_3$-$NaNbO_3$-$xSr_{0.7}Bi_{0.2}TiO_3$ 中也能观察到[1]。

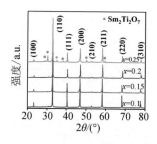

图 5.2　NBT-SST 铁电陶瓷的 XRD 图

图 5.3 所示为 NBT-SST 弛豫铁电陶瓷的表面微观形貌与粒径分布图。从 SEM 图中可以看出，所有 NBT-SST 组分陶瓷的气孔大小和气孔含量较低，具有较高的致密度。同时，随着 Sm^{3+} 含量从 $x=0.1$ 增加到 0.25 时，晶粒尺寸从 1.79 μm 逐渐减小到 1.22 μm，晶粒分布更加均匀，表明 Sm^{3+} 掺杂可以抑制陶瓷晶粒长大，达到细化晶粒的目的。小晶粒尺寸的陶瓷材料，其击穿强度较高。主要是由于小的晶粒尺寸制备的陶瓷，孔隙率相比于大晶粒会减小很多，其致密度会提高。同时，小晶粒尺寸陶瓷的晶界会明显增加，进一步阻碍电荷载流子通过，从而优化储能性能[2-3]。

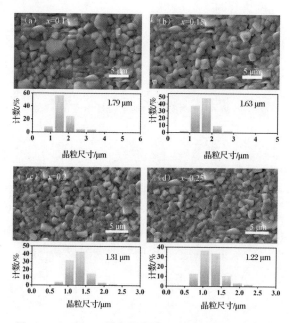

图 5.3　NBT-SST 铁电陶瓷的 SEM 图及粒径分布图

图 5.4 所示为 NBT-SST 弛豫铁电陶瓷的 AFM 图谱,本实验用 AFM 图谱来观察 NBT-SST 的畴结构。可以看出,随着 Sm^{3+} 含量增加,铁电畴尺寸越来越小,并且呈不连续分布。这表明 Sm^{3+} 掺杂减小了畴的尺寸,同时产生了极性纳米畴(PNRs),增强了 NBT-SST 陶瓷的弛豫行为,从而导致 P_r 的减小,促进了陶瓷的可释放储能密度的提高。

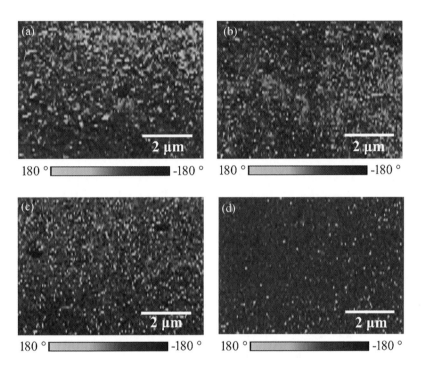

图 5.4 NBT-SST 铁电陶瓷的畴形貌图

5.2 NBT-SST 陶瓷的电学性能

图 5.5(a)～(d)为 NBT-SST 弛豫铁电陶瓷在室温下,不同频率范围内的介电温谱。从频率变化可以看出,所有组分的介电峰随频率增加,向高温方向偏移,表现出弛豫特性的弥散相变和频率色散。此外,随着 Sm^{3+} 含量增加,介电峰转变到低温区域。在每个组分的介电曲线中,均有一个最大介电常数峰(T_m),

据报道,这与三方相 PNRs 向四方相 PNRs 的转变和四方相 PNRs 的热演化有关[4]。在外电场下,较小尺寸的 PNRs,会产生低的滞后,提高介电响应,对畴翻转是有利的。另外,随着 Sm^{3+} 含量增加,导致化学组分的位点紊乱与电荷波动[5-6],介电常数(ε_m)从 1 945($x=0.1$)减小到 840($x=0.25$)。同时,T_m 朝向低温范围移动,表明弛豫铁电性向低温方向移动,有利于 NBT-SST 弛豫铁电陶瓷在低温范围获得细瘦的 P-E 电滞回线。此外,在 25~200 ℃ 范围内,随着 Sm^{3+} 含量增加,介电损耗低于 0.04,有利于对 NBT 基陶瓷的可释放储能密度和效率的提高。

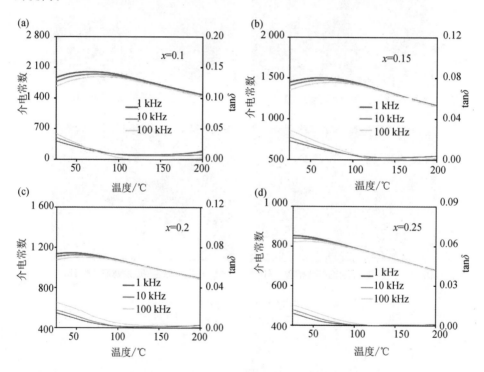

图 5.5 NBT-SST 铁电陶瓷的介电温谱图

图 5.6(a)~(d)为 NBT-SST 弛豫铁电陶瓷的弛豫性表征。该实验采用修正的居里-外斯定律来分析 NBT-SST 弛豫铁电陶瓷的介电弥散特性。可以看出,随着 Sm^{3+} 含量增加,由修正的居里-外斯定律得出的弥散指数(γ),从 1.65 增加到 1.77。众所周知,$\gamma=1$ 和 $\gamma=2$ 分别表示常规铁电体和理想弛豫铁电体[7]。γ 越大,说明 NBT-SST 弛豫铁电陶瓷的弥散相变程度越高。因此,随着

Sm^{3+} 含量增加，γ 的增加可以增强 NBT-ST 弛豫铁电陶瓷的弛豫行为。

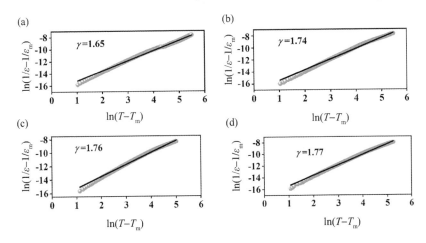

图 5.6　NBT-SST 铁电陶瓷的弛豫性表征

击穿强度（BDS）是影响陶瓷储能性能的一个重要因素。图 5.7(a) 为 NBT-SST 弛豫铁电陶瓷的 Weibull 分布图。由图可得，随着 Sm^{3+} 含量增加，平均 BDS 从 180 kV/cm 增加到 305 kV/cm。

根据图 5.3 的晶粒尺寸分布情况，即 Sm^{3+} 掺杂，减小了陶瓷的晶粒尺寸，从而提升了 NBT-SST 陶瓷的击穿强度。图 5.7(b) 表征了 NBT-SST 弛豫铁电陶瓷的漏电行为。从图中可以看出，随着 Sm^{3+} 含量增加，NBT-SST 弛豫铁电陶瓷的漏电流密度减小。这些结果都指明，Sm^{3+} 掺杂在抑制 NBT-SST 弛豫铁电陶瓷的电流泄露和提高其击穿强度方面，起到了重要作用。

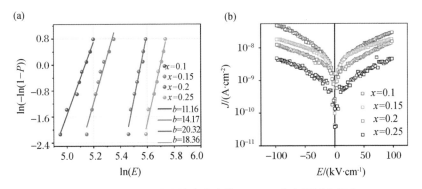

图 5.7　NBT-SST 弛豫铁电陶瓷的 Weibull 分布及漏电行为

5.3　NBT-SST 陶瓷的储能性能

图 5.8(a)为 NBT-SST 弛豫铁电陶瓷在室温下,同一电场测得的 P-E 电滞回线,测试频率为 10 Hz。由图可知,随着 Sm^{3+} 含量增加,P-E 电滞回线变得越来越细瘦,根据有序-无序、随机局域场理论,Sm^{3+} 的引入打破了 NBT-ST 陶瓷中的长程有序的铁电畴,转变为短程无序的纳米极性畴。短程无序结构的纳米极性畴能有效降低 NBT-ST 陶瓷的剩余极化和矫顽场,进而提高 NBT-SST 陶瓷的可释放储能密度和储能效率[10-14]。图 5.8(b)为 NBT-SST 弛豫铁电陶瓷在同一电场下的可释放储能密度和储能效率。可以看出,随着 Sm^{3+} 含量增加,NBT-SST 陶瓷的可释放储能密度由 $x=0.1$ 的 2.12 J/cm^3 变化为 $x=0.25$ 的 1.19 J/cm^3,对应的储能效率由 81.7% 增加为 88.1%。图 5.8(c)为 NBT-SST 弛豫铁电陶瓷在室温下,不同电场测得的 P-E 电滞回线,测试频率为 10 Hz。从图中可以看出,所有的陶瓷组分都表现出细瘦的电滞回线,铁电性逐渐减小,弛豫性增加,呈现明显的弛豫行为。同时,随着 Sm^{3+} 含量增加,NBT-SST 弛豫铁电陶瓷的电场强度呈现增加的趋势。图 5.8(d)为 NBT-SST 弛豫铁电陶瓷各组分的极化变化。随着 Sm^{3+} 含量增加,饱和极化强度(P_{max})开始由 $x=0.1$ 的 32.24 $\mu C/cm^2$ 增加到 $x=0.2$ 的 33.28 $\mu C/cm^2$,然后由于掺杂 Sm^{3+} 过量,产生杂质相,导致饱和极化强度减少为 $x=0.25$ 的 26.45 $\mu C/cm^2$。同时,剩余极化强度(P_r)也由 $x=0.1$ 的 1.98 $\mu C/cm^2$ 减少到 $x=0.25$ 的 0.98 $\mu C/cm^2$。P_{max} 与 P_r 的差值由 $x=0.1$ 的 30.26 $\mu C/cm^2$ 变化到 $x=0.25$ 的 25.47 $\mu C/cm^2$。其中 P_{max} 增幅与 P_r 减幅的最大差值出现在 $x=0.2$ 陶瓷组分中,因此最大的极化强度差值($\Delta P=P_{max}-P_r$)出现在 $x=0.2$ 陶瓷组分中,较大的 ΔP 对可释放储能密度 W_{rec} 的提高是有利的。

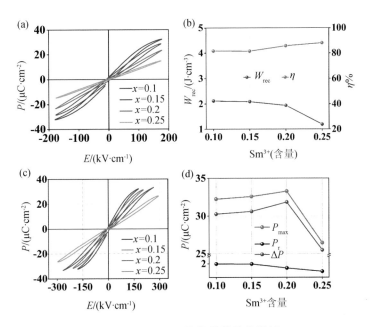

图 5.8 NBT-SST 陶瓷储能性能测试

(a)NBT-SST 陶瓷同一电场下的 P-E 电滞回线；(b)NBT-SST 陶瓷同一电场下的储能密度和储能效率；(c)NBT-SST 陶瓷不同电场下的 P-E 电滞回线；(d)NBT-SST 陶瓷的 P_{max}、P_r 及 ΔP 变化图

图 5.9(a)为 NBT-SST 弛豫铁电陶瓷各组分的可释放储能密度和储能效率对比。结果表明，随着 Sm^{3+} 含量增加，NBT-SST 弛豫铁电陶瓷的可释放储能密度由 $x=0.1$ 的 2.47 J/cm³ 逐渐变化到 $x=0.25$ 的 3.58 J/cm³。而 NBT-SST 弛豫铁电陶瓷的储能效率由 $x=0.1$ 的 82.11% 逐渐增加到 $x=0.25$ 的 85.71%，其中 $x=0.25$ 陶瓷组分的储能效率最高，这是由于其 P_r 的减小造成的。同时，与其他组分相比，$x=0.2$ 组分的陶瓷可以达到 3.81 J/cm³ 的高可释放储能密度和 84.7% 的储能效率，这得益于其较大的 ΔP 和 BDS。同时，在图 5.9(b)的 BNT 基各组分陶瓷的储能对比图中，$x=0.2$ 组分陶瓷与其他组分的 BNT 基储能陶瓷相比，也是具有较高的可释放储能密度和电场强度[15-21]。

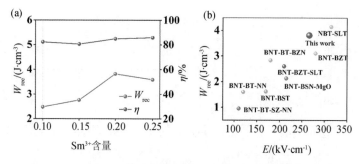

图 5.9 (a)NBT-SST 陶瓷不同电场下的储能密度和效率对比图；
(b)BNT基各组分的可释放储能密度对比图

温度和频率稳定性作为电介质材料在极端环境下的考量指标，具有重要意义。通常来说，电介质材料的温度稳定性、频率稳定性决定了其工作环境与使用寿命。在测试电场强度下，通过不同的温度、频率范围得到相应的 P-E 电滞回线，来判断电介质材料的温度稳定性、频率稳定性。图 5.10(a)表示 $x=0.2$ 组分陶瓷在 200 kV/cm 和 10 Hz 下，不同温度范围内测得的电滞回线。可以看出，在 20~200 ℃ 范围内，所有测试温度下的 P-E 电滞回线都呈现细瘦的形状。保证了 $x=0.2$ 组分陶瓷拥有稳定的储能效率。同时，图 5.10(b)为 $x=0.2$ 组分陶瓷在不同温度下的极化变化。可以看出，随着温度从 20 ℃ 增加到 200 ℃，其 P_{max} 从 26.51 $\mu C/cm^2$ 减少为 19.35 $\mu C/cm^2$，P_r 由 1.90 $\mu C/cm^2$ 变化为 1.47 $\mu C/cm^2$，对应的 ΔP 由 24.60 $\mu C/cm^2$ 降低为 17.88 $\mu C/cm^2$。图 5.10(c)为 $x=0.2$ 组分陶瓷的可释放储能密度 W_{rec} 与储能效率 η。从图中可以看出，随着温度从 20 ℃ 增加到 200 ℃，$x=0.2$ 组分陶瓷的可释放储能密度 W_{rec} 由 2.29 J/cm³ 变化为 1.69 J/cm³，同时，储能效率 η 也维持在 82.8%~85.9%，保持基本稳定。这些结果表明 $x=0.2$ 组分陶瓷具有高温应用的潜能。另外，图 5.10(d)表示 $x=0.2$ 组分陶瓷在 200 kV/cm 下，不同频率范围内测得的电滞回线。可以看出，在 10~400 Hz 范围内，所有测试频率下得到的 P-E 电滞回线基本保持一致，表现出 $x=0.2$ 组分陶瓷良好的耐频性。图 5.10(e)表示 $x=0.2$ 组分陶瓷在不同频率下的极化变化。随着频率范围从 1 Hz 增加到 400 Hz，其 P_{max} 从 29.57 $\mu C/cm^2$ 变化为 25.85 $\mu C/cm^2$，P_r 由 1.77 $\mu C/cm^2$ 变化到 1.76 $\mu C/cm^2$。两者的差值 ΔP 由 27.80 $\mu C/cm^2$ 降低为 24.08 $\mu C/cm^2$。图 5.10(f)中的储能密度略有减小，但储能效率仍维持在 82% 以上。以上结果也指明，$x=0.2$ 组分陶瓷具有很好的频率稳定性。

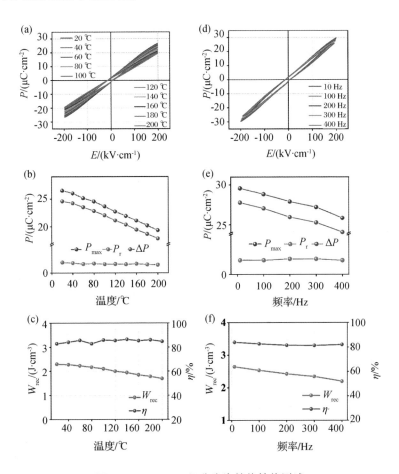

图 5.10　$x=0.2$ 组分陶瓷储能性能测试

(a) $x=0.2$ 组分陶瓷在不同温度下的 P-E 电滞回线；(b) 该组分陶瓷在不同温度下的 P_{max}、P_r 和 ΔP 变化图；(c) 该组分陶瓷在不同温度下的 W_{rec} 与 η 变化图；(d) $x=0.2$ 组分陶瓷在不同频率下的 P-E 电滞回线；(e) 该组分陶瓷在不同频率下的 P_{max}、P_r 和 ΔP 变化图；(f) 该组分陶瓷在不同频率下的 W_{rec} 与 η 变化图

对于介电陶瓷材料的实际应用，充放电性能也是重要的因素。图 5.11(a) 为 $x=0.2$ 组分陶瓷的过阻尼放电电流曲线。可以看出，随着电场强度从 50 kV/cm 增加到 260 kV/cm，$x=0.2$ 组分陶瓷的电流峰值可达到 10.6 A。图

5.11(b)为 $x=0.2$ 组分陶瓷在不同电场下的放电能量密度曲线。随着电场增加，W_{dis} 从 0.14 J/cm³ 增加到 2.08 J/cm³。其中，直接测试计算出的 W_{dis} 低于间接测试得出的 W_{rec}，这是由于 P-E 电滞回线和充放电测试是两种不同的测试机制造成的[22-23]。一般来说，放电时间 $\tau_{0.9}$ 是指在无限长的时间内放电能量达到负载电阻终值 90% 的时间，可以直接从放电曲线中提取出来。而 $x=0.2$ 组分的 $t_{0.9}$ 为 89 ns，表明 $x=0.2$ 组分拥有超快的放电速度。图 5.11(c) 为欠阻尼放电电流曲线。欠阻尼放电电流峰值随电场强度增加而增加。图 5.11(d)，表示 $x=0.2$ 组分的电流密度和功率密度。随着电场强度增加到 260 kV/cm，C_D 为 1 044.58 A/cm²，P_D 可达到 135.79 MW/cm³。以上这些结果均表明，$x=0.2$ 组分陶瓷在实际的储能应用中可以发挥重要作用。

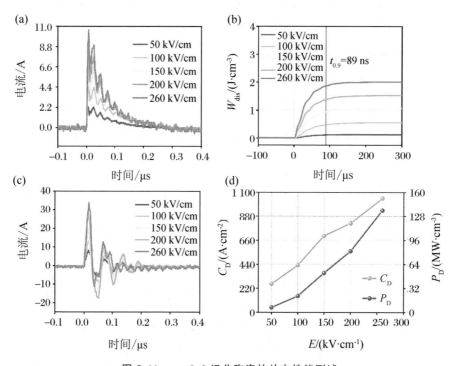

图 5.11 $x=0.2$ 组分陶瓷的放电性能测试

(a) $x=0.2$ 组分陶瓷的过阻尼放电电流曲线；(b) $x=0.2$ 组分陶瓷的不同电场下放电能量密度曲线；(c) $x=0.2$ 组分陶瓷的欠阻尼放电电流曲线；(d) $x=0.2$ 组分陶瓷的电流密度和功率密度对比图

5.4 本章小结

本章实验通过流延法制备了 $0.5Na_{0.5}Bi_{0.5}TiO_3\text{-}0.5Sr_{1-1.5x}Sm_xTiO_3$(简称为 NBT-SST)弛豫铁电陶瓷,系统研究了不同含量的 Sm^{3+} 对 $Na_{0.5}Bi_{0.5}TiO_3\text{-}SrTiO_3$(NBT-ST)的微观结构与畴结构的影响。结果表明:

(1)在 NBT-ST 基组分陶瓷中引入不同含量的 Sm^{3+},减小了陶瓷内部的晶粒尺寸,调控了畴结构,导致其击穿强度和弛豫特性均得到有效的提升。

(2)在 NBT-ST 基组分陶瓷中引入不同含量的 Sm^{3+},使得 $0.5Na_{0.5}Bi_{0.5}TiO_3\text{-}0.5Sr_{0.7}Sm_{0.2}TiO_3$ 组分陶瓷在 266 kV/cm 的电场强度下,获得 3.81 J/cm^3 的 W_{rec} 和 84.7% 的 η。同时 $0.5Na_{0.5}Bi_{0.5}TiO_3\text{-}0.5Sr_{0.7}Sm_{0.2}TiO_3$ 组分陶瓷也拥有 135 MW/cm^3 的高功率密度和 89 ns 的超快放电速度。

参考文献

[1] YAO Z, SONG Z, HAO H, et al. Homogeneous/inhomogeneous-structured dielectrics and their energy-storage performances[J]. Advanced Materials,2017,29(20):1601727.

[2] NEUSEL C, SCHNEIDER G A. Size-dependence of the dielectric breakdown strength from nano-to millimeter scale[J].Journal of the Mechanics and Physics of Solids,2014,63:201-213.

[3] MACA K,SIMONIKOVA S. Effect of sintering schedule on grain size of oxide ceramics[J].Journal of Materials Science,2005,40(21):5581-5589.

[4] LIU G, DONG J, ZHANG L, et al. $Na_{0.25}Sr_{0.5}Bi_{0.25}TiO_3$ relaxor ferroelectric ceramic with greatly enhanced electric storage property by a B-site ion doping[J].Ceramics International,2020,46(8):11680-11688.

[5] QIAO X,SHENG A,WU D, et al. A novel multifunctional ceramic

with photoluminescence and outstanding energy storage properties[J].Chemical Engineering Journal,2021,408:127368.

[6]PAN Z,HU D,ZHANG Y,et al. Achieving high discharge energy density and efficiency with NBT-based ceramics for application in capacitors [J].Journal of Materials Chemistry C,2019,7(14):4072-4078.

[7]RAEVSKI I P,PROSANDEEV S A,Abdulvakhidov K G,et al. Diffuse phase transition in $NaNbO_3$:Gd single crystals[J].Journal of Applied Physics,2004,95(8):3994-3999.

[8]HUANG K,GE G,YAN F,et al. Ultralow electrical hysteresis along with high energy-storage density in lead-based antiferroelectric ceramics[J]. Advanced Electronic Materials,2020,6(4):1901366.

[9]WANG D,FAN Z,ZHOU D,et al. Bismuth ferrite-based lead-free ceramics and multilayers with high recoverable energy density[J].Journal of Materials Chemistry A,2018,6(9):4133-4144.

[10]RANDALLl C A,FAN Z,REANEY I,et al. Antiferroelectrics:history,fundamentals,crystal chemistry,crystal structures,size effects,and applications [J]. Journal of the American Ceramic Society, 2021, 104(8):3775-3810.

[11]LIANG G,ZHANG Y,ZHU J,et al. Tailoring and improving the strong-electric-field electrical properties of the BNT-BT ferroelectric ceramics by a functional-group-doping [J]. Ceramics International, 2021, 47(5):6584-6590.

[12]LI D,ZHOU D,WANG D,et al. Improved energy storage properties achieved in (K,Na)NbO_3-based relaxor ferroelectric ceramics via a combinatorial optimization strategy[J].Advanced Functional Materials,2021:2111776.

[13]VEERAPANDIYAN V,BENES F,GINDEL T,et al. Strategies to improve the energy storage properties of perovskite lead-free relaxor ferroelectrics:a review[J].Materials,2020,13(24):5742.

[14] SAYYAD S, ACHARYA S. Low temperature synthesis of complex solid solution $(1-x)Bi_{0.5}Na_{0.5}TiO_3$-$x$BaTiO$_3$ system: BT induced structural and dielectric anomalies in NBT[J]. Ferroelectrics, 2018, 537(1): 112-132.

[15] YANG F, PAN Z, LING Z, et al. Realizing high comprehensive energy storage performances of BNT-based ceramics for application in pulse power capacitors[J]. Journal of the European Ceramic Society, 2021, 41(4): 2548-2558.

[16] ZHANG H, YANG B, FORTES A D, et al. Structure and dielectric properties of double A-site doped bismuth sodium titanate relaxor ferroelectrics for high power energy storage applications[J]. Journal of Materials Chemistry A, 2020, 8(45): 23965-23973.

[17] BAI W, ZHAO X, DING Y, et al. Giant field-induced strain with low hysteresis and boosted energy storage performance under low electric field in $(Bi_{0.5}Na_{0.5})TiO_3$-based grain orientation-controlled ceramics[J]. Advanced Electronic Materials, 2020, 6(9): 2000332.

[18] ZHOU X, QI H, YAN Z, et al. Large energy density with excellent stability in fine-grained $(Bi_{0.5}Na_{0.5})TiO_3$-based lead-free ceramics[J]. Journal of the European Ceramic Society, 2019, 39(14): 4053-4059.

[19] HUANG Y, LI F, HAO H, et al. $(Bi_{0.51}Na_{0.47})TiO_3$ based lead free ceramics with high energy density and efficiency[J]. Journal of Materiomics, 2019, 5(3): 385-393.

[20] ZHANG L, PU Y, CHEN M, et al. Antiferroelectric-like properties in MgO-modified $0.775Na_{0.5}Bi_{0.5}TiO_3$-$0.225BaSnO_3$ ceramics for high power energy storage[J]. Journal of the European Ceramic Society, 2018, 38(16): 5388-5395.

[21] LIU Z, REN P, LONG C, et al. Enhanced energy storage properties of NaNbO$_3$ and SrZrO$_3$ modified $Bi_{0.5}Na_{0.5}TiO_3$ based ceramics[J]. Journal of Alloys and Compounds, 2017, 721: 538-544.

[22] LIU X, LI Y, SUN N, et al. High energy-storage performance of PLZS antiferroelectric multilayer ceramic capacitors [J]. Inorganic Chemistry Frontiers, 2020, 7(3): 756-764.

[23] HAO X, ZHAI J, KONG L B, et al. A comprehensive review on the progress of lead zirconate-based antiferroelectric materials [J]. Progress in Materials Science, 2014, 63: 1-57.

第6章 NBT-ST-LMZ 陶瓷储能性能

第4章对 NBT-SNT 陶瓷储能行为进行了研究,结果表明,虽然 SNT 的引入使得 NBT 陶瓷中晶粒尺寸和畴结构发生明显变化,使陶瓷击穿场强和弛豫特性得到大幅度提高,最终获得 3.85 J/cm³ 的可释放储能密度。但这距离电介质材料的实际应用仍有巨大差距。这主要是由于 SNT 引入,虽然使得击穿场强得到大幅度增加但同时也伴随着饱和极化强度的大幅度下降,从而限制了极化差的提升,最终影响陶瓷的储能性能。这表明仅从击穿这一方面进行优化并不能大幅度提高陶瓷的储能性能。基于以上研究,本章制定了全新的策略,在保持较高极化差的基础上,通过引入新组元进行微观结构调控来保证击穿场强提高,以此获得优异的储能性能。NBT-SrTiO$_3$(NBST)陶瓷作为典型的弛豫铁电材料,因为其具有较大的极化差值($>30.00~\mu C/cm^2$)而被广泛研究。

基于上述分析,本章首先研究了不同比例 Na$_{0.5}$Bi$_{0.5}$TiO$_3$-SrTiO$_3$ 的储能行为,确定最佳比例。再将最佳比例的 $(1-x)$Na$_{0.5}$Bi$_{0.5}$TiO$_3$-xSrTiO$_3$(NBT-ST)作为基础组分,通过引入不同含量的 La(Mg$_{1/2}$Zr$_{1/2}$)O$_3$(LMZ),探究不同 LMZ 含量对 NBT-ST 陶瓷结构、电学性能和储能性能的影响。

6.1 $(1-x)$NBT-xST 陶瓷的微观结构

本小节通过研究$(1-x)$NBT-xST 铁电陶瓷 XRD 图谱来确定其相结构,如图 6.1(a)所示。所有陶瓷样品表现出纯钙钛矿结构,没有任何第二相的出现。这表明 ST 的引入并不会对陶瓷相结构稳定性产生影响。这也为接下来的掺杂实验提供了一个稳定的基础组分。通过图 6.1(b)所示,随着 ST 引入,此时衍射峰向低角度偏移,表明此时晶格膨胀[1]。

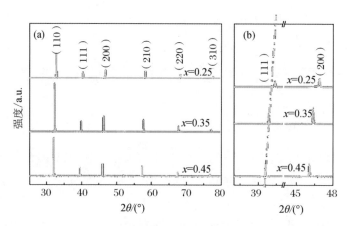

图 6.1 (1−x)NBT-xST 铁电陶瓷的 XRD 图谱及(111)和(200)峰的放大图

图 6.2 所示为 NBT-ST 陶瓷 SEM 图像以及对应的粒径分布直方图。可以观察到所有陶瓷均具有较为致密的结构,图 6.2(d)中可以观察到随着 ST 的引入,陶瓷晶粒尺寸原来的 1.08 μm 减少至 0.68 μm。根据研究,较小的晶粒尺寸有助于获得较大的击穿场强,这意味着,ST 的引入可以降低陶瓷晶粒尺寸提高击穿电场。

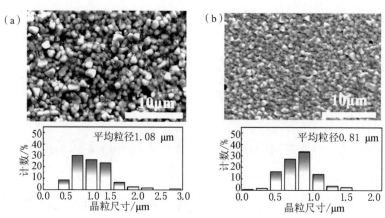

图 6.2 (1−x)NBT-xST 铁电陶瓷的 SEM 图和 NBT-SLT-BMN 陶瓷的晶粒尺寸对比图

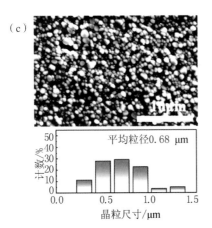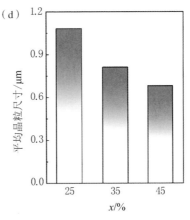

图 6.2 $(1-x)$NBT-xST 铁电陶瓷的 SEM 图和 NBT-SLT-BMN 陶瓷的晶粒尺寸对比图(续)

6.2 $(1-x)$NBT-xST 陶瓷的介电性能及储能性能

图 6.3 表示$(1-x)$NBT-xST 弛豫铁电陶瓷介电常数和介电损耗在 25~400 ℃温度范围内的变化曲线。由图可知,$(1-x)$NBT-xST 陶瓷的每个组分介电常数都随着温度的增加呈现先增加后减少的趋势。在各测试样品中,都具有一个介电常数峰值(T_m),在这个温度下,介电常数达到最大值。这与 T_m 和 PNRs 从三方相向四方相结构转变以及 PNRs 的热演化有关。在此温度下,陶瓷发生从铁电相到顺电相的转变。随着 ST 占比的增加,陶瓷的介电常数逐渐降低,介电常数的降低对提高储能性能有益,这是因为介电常数的下降是由弛豫性增强导致的。可以观察到,所有组分陶瓷的介电峰值随着测试频率的增加,逐渐向高温区移动,这正是陶瓷弛豫性的一种体现,对应着频率色散现象的出现。

图 6.4(a)为$(1-x)$NBT-xST 弛豫铁电陶瓷的 P-E 电滞回线,通过对 P-E 电滞回线进行积分计算可以获得陶瓷的储能性能。随着 ST 的增加,在相同电场下的饱和极化逐渐减小,陶瓷的电滞回线总体保持着纤细的形状。随着 ST 含量的上升,长程有序的铁电畴被打乱,极性纳米畴产生,使得饱和极化降低。其中 ST 的占比越多,陶瓷的弛豫性也就越强。另外,陶瓷的剩余极化则随着弛豫性的增加而减小。图 6.4(b)展示了不同的 ST 比例的极化差和击穿场强对比图。

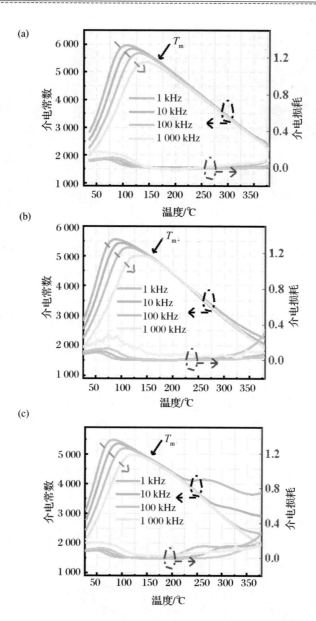

图 6.3 $(1-x)$NBT-xST 铁电陶瓷的 ε_r 和 $\tan\delta$ 的温谱图

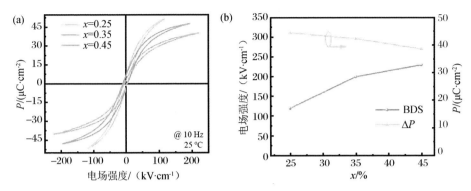

图 6.4 (a)(1−x)NBT-xST 弛豫铁电陶瓷上的 P-E 电滞回线；
(b)(1−x)NBT-xST 铁电陶瓷极化差和击穿场强

根据储能计算公式，优异的储能密度需要同时拥有较大的击穿场强和较大的极化差。如图 6.5 所示，陶瓷的 W_{tot} 分别为 2.29 J/cm³，2.93 J/cm³ 和 2.80 J/cm³，陶瓷的 W_{rec} 别为 1.75 J/cm³，2.28 J/cm³ 和 2.37 J/cm³，陶瓷的 η 分别为 76%，77% 和 84%，陶瓷的储能密度随着 ST 含量的增加而逐渐增加。结合极化差、击穿电场等因素和最终储能性能，可以发现具有较高击穿场强和极化差的 0.65NBT-0.35ST 陶瓷相较于其余两个组分更有潜力。因为其具有相对较高的击穿场强和较大的极化差，使其有通过加入第三组元优化可以获得更加优异储能性能的潜力。因此，选取 0.65NBT-0.35ST 作为基础组分进行后续研究。

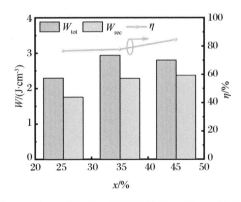

图 6.5 (1−x)NBT-xST 陶瓷的 W_{tot}，W_{rec}，η 对比图

6.3 (1−x)(NBT-ST)-xLMZ 的微观结构

图 6.6 显示了(1−x)(NBT-ST)-xLMZ 弛豫铁电陶瓷的 XRD 图谱。从图 6.6(a)可以看出来所有的陶瓷都表现出标准的钙钛矿结构,没有任何第二相存在的痕迹,这表明此时 LMZ 完全扩散进晶格中,与 NBT-ST 基体形成固溶体。图 6.6(b)为 37°~48°之间放大的衍射峰图像。随着第三组元 LMZ 的引入,所有衍射峰都向低角度偏移,根据半径匹配规则和晶体化学原理,具有较大离子半径的 Mg^{2+}(0.072 nm)和 Zr^{4+}(0.072 nm)取代了离子半径较小的 Ti^{4+}(0.060 5 nm),使得陶瓷晶胞体积膨胀,晶格参数变大[2,3]。除此之外,所有组分陶瓷在(200)衍射峰处并没有发生分裂,表明此时陶瓷具有典型的赝立方结构。

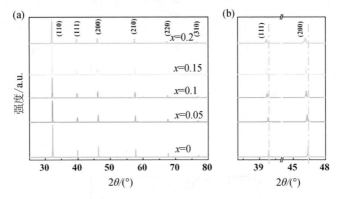

图 6.6 (1−x)(NBT-ST)-xLMZ 铁电陶瓷的 XRD 图谱及衍射峰放大图

图 6.7 显示了(1−x)(NBT-ST)-xLMZ(0≤x≤0.2)弛豫铁电陶瓷的微观结构,其中图 6.7(a)~(e)为(1−x)(NBT-ST)-xLMZ 弛豫铁电陶瓷的 SEM 图谱和粒径分布图。可以看出,纯 NBT-ST 具有较大的孔隙和较小的晶粒尺寸。适量添加 LMZ 有利于提高陶瓷的致密度。这是由于氧空位浓度的增加,LMZ 的引入改善了原子扩散,从而使得陶瓷结构致密化,致密的微观形貌有利于获得高的 BDS。同时,通过流延法制备陶瓷,这可以使介电陶瓷获得较少的孔隙和较小的粒径。所有陶瓷样品平均晶粒尺寸都小于 1.5 μm,且随着 LMZ 含量增加晶粒尺寸增大。图 6.7(f)为(1−x)(NBT-ST)-xLMZ 弛豫铁电陶瓷的密度随 LMZ 含量的变化函数。随第三组元 LMZ 的加入,(1−x)(NBT-ST)-xLMZ 弛

豫铁电陶瓷的密度整体有小幅度变化,但基本保持在 5.8 g/cm³,这表明样品整体质量较高。密实的微观结构和细小的晶粒尺寸,共同促进了 $(1-x)$(NBT-ST)-xLMZ 弛豫铁电陶瓷 BDS 的提高。

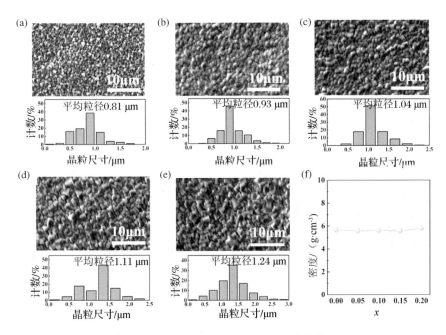

图 6.7 $(1-x)$(NBT-ST)-xLMZ 陶瓷的
SEM 图、晶粒尺寸拟合图及密度变化图

根据储能计算方程,降低 P_r 和提高 BDS 是获得 NBT 基材料高储能性能的关键。介质材料的储能机理是极性结构对外电的响应。对于铁电材料,主要的极性结构是铁电畴。但是,大尺寸的畴结构会引起较大的 P_r,因此,减小铁电畴的尺寸是提高弛豫行为和降低 P_r 的可行途径。$x=0$ 和 0.15 的 TEM 图像如图 6.8(a),(b)所示。可以观察到,在 $x=0$ 的陶瓷中出现了大的铁电畴[图 6.8(a)]。随着 LMZ 的引入,畴尺寸显著减小,在 $x=0.15$ 的陶瓷中存在多个极性纳米微区(PNRs),畴宽约为 1 nm[图 6.8(b)]。综上所述,LMZ 的引入可以使得极性结构实现从大畴到极性纳米微区的转变。

为了进一步证明加入 LMZ 对陶瓷弛豫行为的影响,通过 PFM 测量了畴随时间的演变过程。图 6.8(c,g)显示了在白色正方形标记的区域上施加 180 V 电压后,$x=0$ 和 $x=0.15$ 陶瓷样品的平面外(OP)相位图像和振幅图。可以清楚地发现,当 $x=0$ 时,标记区域上颜色变深,电畴翻转得到了证明。去除施加的电压后,极化区域和压电响应随着时间的增加而缓慢衰减[图 6.8(d)~(f)]。不同的是,$x=0.15$ 的陶瓷衰减速率更快[图 6.8(g)~(j)]。这些结果表明,$x=0.15$ 的陶瓷是典型的遍历弛豫铁电材料[4]。所有陶瓷在极化时形成宏观铁电畴,其极化方向沿电场方向。由于高动态 PNRs 的存在,宏观铁电畴是不稳定的,容易断裂成纳米畴。因此,$x=0.15$ 陶瓷材料在去除电压后,宏观铁电畴很快消失,并迅速恢复到初始状态。而 $x=0$ 陶瓷材料中的宏观铁电畴恢复速率较为缓慢。这些结果表明,通过纳米畴工程形成 PNRs 在增强陶瓷样品弛豫特性方面有着至关重要的作用,从而产生几乎为零的 P_r,使陶瓷样品能够保持较大的极化差。

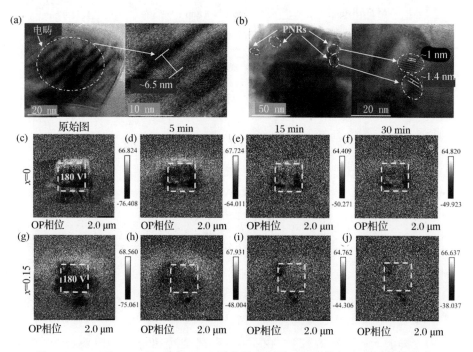

图 6.8　$x=0$ 和 $x=0.15$ 陶瓷 TEM 图像及在不同时间下的 PFM 相图和畴演化

6.4　$(1-x)$(NBT-ST)-xLMZ 陶瓷的电学性能

图 6.9(a)~(e)为 $(1-x)$(NBT-ST)-xLMZ 陶瓷的介电常数以及介电损耗

($\tan\delta$)随温度变化的曲线,具体的温度范围为 25～380 ℃,测试频率分别为 1 kHz、10 kHz、100 kHz 和 1MHz。从图中可以观察到,随着 LMZ 含量增加,T_m 逐渐向低温方向偏移。之所以产生此现象是因为随着 LMZ 含量增加,陶瓷组分的 A/B 位产生离子取代,产生位点紊乱与离子电荷波动。此时[TiO_3]八面体之间的耦合效应减弱,使得 T_m 值下降。当 T_m 下降至室温附近,有利于诱导大尺寸畴向小尺寸 PNRs 转换,使得陶瓷材料保持较高的极化。此外,ε_r 和 $\tan\delta$ 在 T_m 附近表现出明显的频率色散,这是典型的弛豫特性表现。为进一步分析变化,通过对其最大介电常数进行比较可以发现,随着 LMZ 的引入量从 0 增加到 0.2,最大介电常数 ε_m 由 5 500 降低到 400。与此同时,ε_m 对应的温度 T_m 移向低温区域,这是由于 La^{3+} 和 $(Mg_{1/2}Zr_{1/2})^{3+}$ 占据 NBT-ST 系统的 A 和 B 位点,这些阳离子在 A 和 B 位置的半径和价态差异导致了随机电场(RFS)的增强[5-6]。局部随机电场的增强使得极性纳米微区数量明显增加。另外,$\tan\delta$ 在 25～380 ℃温度范围内低于 0.01。陶瓷的 $\tan\delta$ 越小,说明陶瓷内部的缺陷越少。较低的介电损耗能减少电学性能测试时产生的热量,获得更高的 BDS 和 η,这有助于陶瓷储能密度的提高。

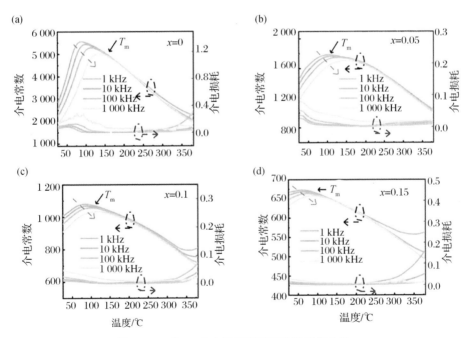

图 6.9　ε_r 和 $\tan\delta$ 在不同频率下的温度相关性

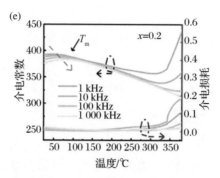

图 6.9 ε_r 和 $\tan\delta$ 在不同频率下的温度相关性(续)

(a)$x=0$,(b)$x=0.05$,(c)$x=0.1$,(d)$x=0.15$,(e)$x=0.2$

如图 6.10 所示,通过采用修正的居里-外斯定律来更加准确地分析$(1-x)$ (NBT-ST)-xLMZ 的弛豫特性,通过下述公式计算得到介电弥散指数:

$$1/\varepsilon_r - 1/\varepsilon_m = (T-T_m)^\gamma/C \tag{4.1}$$

通常用 $\gamma=1$ 和 $\gamma=2$ 来分别表示常规铁电体和理想弛豫铁电体的扩散相转变。γ 越接近 2,陶瓷的弥散相转变就越明显。可以看出,随着 LMZ 含量增加,γ 从 1.61 增加到 1.80。这就表明,LMZ 的加入能够增强陶瓷的介电弛豫行为,使得陶瓷向着弛豫铁电体转变。

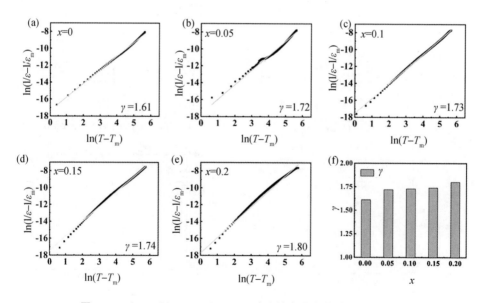

图 6.10 $(1-x)$(NBT-ST)-xLMZ 弛豫铁电陶瓷的弛豫特性表征

图 6.11(a)~(e)显示了$(1-x)$(NBT-ST)-xLMZ 陶瓷的 I-E 曲线。当 x=0 时,此时陶瓷样品在第一和第三象限出现两个高强度的电流峰值,这一现象归因于畴的切换,此时表现出明显的铁电特性[7]。随着 LMZ 引入量的增加,I-E 曲线中的电流峰值强度逐渐降低并产生扩散现象,此时弛豫特性得到增强,弛豫铁电陶瓷表现出可逆的弛豫-铁电相变。图 6.11(f)为 0.85(NBT-ST)-0.15LMZ 陶瓷在不同电场下的 I-E 曲线。随着外加电场的增加,电流峰值强度也明显增强,这进一步证明陶瓷样品的 PNRs 在电场的诱导下产生了局部极化。

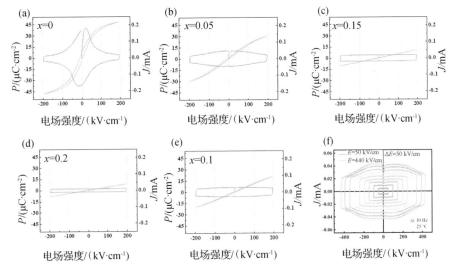

图 6.11 $(1-x)$(NBT-ST)-xLMZ 陶瓷在 200 kV/cm 电场下的 P-E 和 I-E 曲线及 0.85(NBT-ST)-0.15LMZ 陶瓷在不同电场下的 I-E 曲线

BDS 也是影响$(1-x)$(0.65NBT-0.35ST)-xLMZ 陶瓷储能性能的重要因素。通过 Weibull 分布函数可以清楚地显示陶瓷的击穿行为,如图 6.12(a)所示。x=0.15 的陶瓷的 BDS 为 580 kV/cm,约为 x=0 陶瓷 BDS 的三倍。图 6.12(b)显示了$(1-x)$(0.65NBT-0.35ST)-xLMZ 陶瓷的阻抗谱图。总电阻率的数值可以通过弧和 Z'' 轴的截距来验证[8]。根据 Z'-Z'' 曲线,观察到总电阻率随着 LMZ 含量的增加而增加,表明陶瓷的电阻增强,陶瓷的导电性变差。通常,陶瓷的电阻往往受到晶粒尺寸和密度的影响。在这项工作中,陶瓷的密度表现出小幅度的变化,且晶粒尺寸随着 LMZ 含量的增加而增加,因此,可以得出结论,电阻增强是由其他原因引起的。

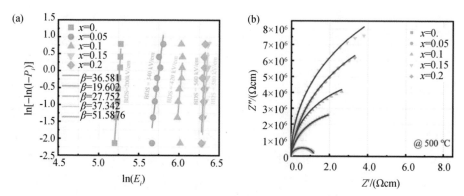

图 6.12 BDS 的 Weibull 分布函数(a)及
$(1-x)(0.65NBT-0.35ST)-xLMZ$ 陶瓷的 $Z'-Z''$ 曲线(b)

为了进一步探究内在机理,通过采用 KPFM 对 $x=0$ 和 $x=0.15$ 陶瓷样品进行电势测试。图 6.13(a)和(c)显示了 $x=0$ 和 $x=0.15$ 陶瓷样品电势图。可以明显地观察到,$x=0$ 的电位图中不同区域之间存在明显的电位差。随着 LMZ 含量的增加,电位图中不同区域颜色对比明显减弱。图 6.13(b)和(d)对应沿图(a)和(c)箭头方向的电势曲线,显示出电势值的具体波动。从图中可以观察到,$x=0.15(V_{0.15})$ 的电势值仅有非常轻微的波动,整体电势接近于 563 mV。相较而言,$x=0(V_0)$ 的电势数值波动明显,从而表现出明显的微区异质性。通过采用 $V_{0.15}$ 作为电势参考值,发现在 $x=0$ 时对应微区 MR_1 和 MR_2 处电势 V_{0-1} 和 V_{0-2} 均小于 $V_{0.15}$。依据 KPFM 原理,当电压施加在尖端上时,接触电位差可以根据下式进行计算[9]:

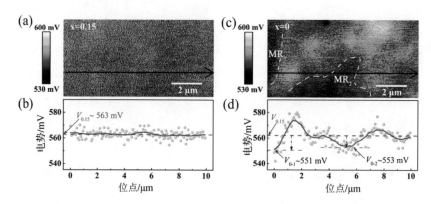

图 6.13 $(1-x)(0.65NBT-0.35ST)-xLMZ$ 陶瓷相的平面外电位图

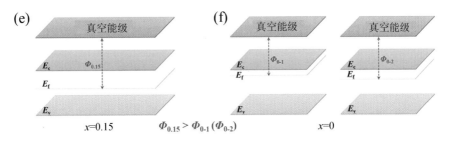

图 6.13　$(1-x)(0.65\text{NBT}-0.35\text{ST})-x\text{LMZ}$ 陶瓷相的平面外电位图(续)

(a)$x=0.15$ 和(c)$x=0$;对应电势变化;(b)$x=0.15$ 和(d)$x=0$;对应能带示意图
(e)$x=0.15$ 和(f)$x=0$

$$\text{CPD}=\frac{\Phi_s-\Phi_t}{e}=V_s-V_t \qquad (4.2)$$

式中:Φ_s 和 Φ_t 分别指代样品和尖端对应的功函数;V_s 和 V_t 分别指代样品和尖端所对应的电势大小;e 为电子的电量大小。因此,可以根据式(4.2)推导获得陶瓷样品的对应的功函数:

$$\Phi_s=e(V_s-V_t)+\Phi_t \qquad (4.3)$$

已知,尖端处 V_t 和 Φ_t 具有恒定大小,此时样品功函数大小主要由 V_s 决定。对于 $x=0$ 时的陶瓷样品,由于 V_{0-1} 和 V_{0-2} 低于 $V_{0.15}$,多个微区(如 Φ_{0-1} 和 Φ_{0-2})部分的功函数小于 $x=0.15$,具体如图 6.13(f)所示。已知功函数是将电子由费米能级(E_f)跃迁向真空能级所需要的最小能量。因此相较于 $x=0.15$ 陶瓷样品,$x=0$ 的陶瓷样品中多个微区均具有较小的功函数,表现出 E_f 向导带能级(E_c)的迁移,此时导带载流子密度增加。因此,$x=0$ 陶瓷样品中的部分微区表现出较高的导电率,此时表现出明显的结构异质性,这可能是导致 $x=0$ 陶瓷样品 BDS 较低的主要原因。综上所述,LMZ 的引入提高了微区的均匀性,抑制了高电导微区的形成。

6.5　$(1-x)(\text{NBT-ST})-x\text{LMZ}$ 陶瓷的储能性能

图 6.14(a)为在测试电场 200 kV/cm 时$(1-x)(\text{NBT-ST})-x\text{LMZ}$ 弛豫铁电陶瓷的 P-E 电滞回线。可以看出,随着 LMZ 含量增加,所有样本都表现出纤细的 P-E 电滞回线,特别是 LMZ 掺杂量到达 0.2 时,此时 P-E 电滞回线呈现

几乎线性,这表明此时陶瓷样品具有顺电相的特征。随着 LMZ 含量增加,铁电相向弛豫铁电相转变。其中 P_r 由 $x=0$ 的 6.2 $\mu C/cm^2$ 降低到 $x=0.2$ 的 0.34 $\mu C/cm^2$。图 6.14(b)展示了$(1-x)$(NBT-ST)-xLMZ 弛豫铁电陶瓷在相同电场强度下的 W_{rec} 与 η。随着 LMZ 含量增加,W_{rec} 由 2.25 J/cm^3 ($x=0$)减少为 0.82 J/cm^3($x=0.2$),η 从 77.7% 提升到 97%。较高的储能效率对陶瓷获得优异的储能性能是有益的。

图 6.14(c)表示为不同 LMZ 含量的$(1-x)$(NBT-ST)-xLMZ 弛豫铁电陶瓷在击穿电场下的 P-E 电滞回线。随着 LMZ 含量的增加,陶瓷的 P_{max} 和 P_r 逐渐减小,BDS 增加。为了直观地显示储能大小,图 6.14(d)给出了不同 LMZ 含量的$(1-x)$(NBT-ST)-xLMZ 陶瓷击穿电场下的 W_{rec} 和 η。随着 LMZ 含量从 0 增加到 0.2,η 急剧增加,从 78% 上涨到 93%,W_{rec} 首先增加,在 $x=0.15$ 时达到最大值,之后又下降,$x=0.15$ 陶瓷具有超高的 W_{rec}(7.5 J/cm^3)和优异的 η(90.5%)。为了进一步清楚地分析 $x=0.15$ 陶瓷卓越的储能性能,其 P-E 电滞回线、W_{rec} 和 η 在室温和 10 Hz 下随电场的变化如图 6.14(e),(f)所示。对于 $x=0.15$ 的陶瓷,P_{max} 随着外加电场的增加而逐渐增加,而 P_r 几乎保持不变。随着电场从 50 kV/cm^2 增加到 580 kV/cm^2,P_{max} 从 2.5 $\mu C/cm^2$ 增加到 30 $\mu C/cm^2$,W_{tot} 从 0.062 J/cm^3 增加到 8.3 J/cm^3,W_{rec} 从 0.06 J/cm^3 增加到 7.5 J/cm^3。随着 BDS 的增加,η 有小幅度的下降,从 96.5% 下降到 90.4%。这些优异的极化特性可归因于在施加和移除电场下 PNRs 的快速翻转,这促成 P_{max} 和 P_r 在高电场下保持了较大差异,进一步增强了储能行为。

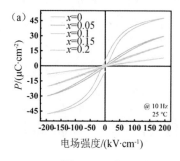
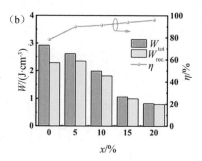

图 6.14 $(1-x)$(NBT-ST)-xLMZ 陶瓷储能性能测试

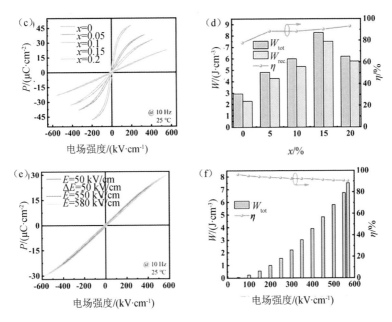

图 6.14 $(1-x)$(NBT-ST)-xLMZ 陶瓷储能性能测试（续）

(a) $(1-x)$(NBT-ST)-xLMZ 弛豫铁电陶瓷同一电场下的 P-E 电滞回线；(b) 与其对应的 W_{rec} 和 η；(c) $(1-x)$(NBT-ST)-xLMZ 弛豫铁电陶瓷同一电场下的 P-E 电滞回线；(d) 与其对应的 W_{rec} 与 η；(e,f) $x=0.15$ 陶瓷 P-E 电滞回线、W_{rec} 和 η 随电场的变化

图 6.15 展示了 $x=0.15$ 的陶瓷与其他铁电陶瓷的储能性能对比[1,4,7,10-20]，发现目前大多数 NBT 基的陶瓷的可释放储能密度均小于 7 J/cm³。相较而言，$x=0.15$ 的陶瓷 W_{rec} 和 η 处于较高水平，表现出优异的储能性能。

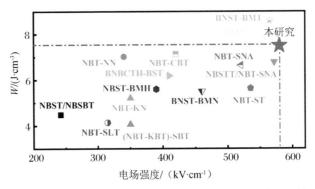

图 6.15 $x=0.15$ 的陶瓷与其他铁电陶瓷的储能性能比较

为了适应实际应用中可能会遇到的恶劣环境,除了高 W_{rec} 和 η 外,优异的温度稳定性以及频率稳定性也是检验脉冲功率电容器储能性能应对变换环境的重要指标。图 6.16(a)为 LMZ 掺杂量为 0.15 的陶瓷组分在 200 kV/cm 电场强度下,20~120 ℃温度范围内的 P-E 电滞回线。陶瓷样品在不同温度下 P-E 电滞回线均能保持较低的滞后以及纤细的形状。图 6.16(b)为 LMZ 掺杂量为 0.15 的陶瓷组分在 20~120 ℃温度范围内,其对应的 W_{rec} 和 η 变化示意图。从图中能清楚地观察到 W_{rec} 的变化波动范围在 5% 之内,η 保持 90% 以上的高水平。图 6.16(c)表示 LMZ 掺杂量为 0.15 的陶瓷组分在 200 kV/cm 的电场强度下,1~140 Hz 频率范围内的 P-E 电滞回线。所有 P-E 电滞回线同样呈现细长的形状,这表明变化的频率对于 ΔP 没有明显的影响。图 6.16(d)为与其对应的 W_{rec} 和 η 的变化。其 W_{rec} 和 η 在 1~140 Hz 范围内变化率小于 8%。以上这些结果均表明,LMZ 掺杂量为 0.15 的陶瓷组分拥有优异的温度和频率稳定性。

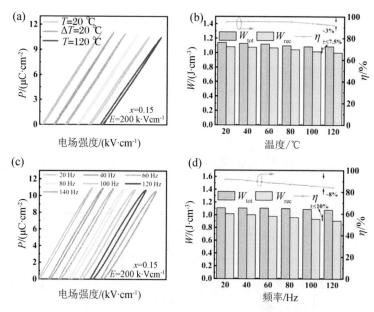

图 6.16 (a,c) 0.85(NBT-ST)-0.15LMZ 陶瓷在不同温度和频率下的 P-E 曲线;(b,d)储能性能图

通常,介电电容器在实际应用中表现出超快的充电速率。为了研究 $x=0.15$ 陶瓷的实际储能性能,在负载电阻约为 200 Ω 时,使用 RLC 电路在不同电

场下测试 $x=0.15$ 陶瓷的过阻尼脉冲放电电流曲线。图 6.17(a) 显示了放电能量密度(W_{dis})的时间依赖性。随着外加电场从 50 kV/cm 增加到 400 kV/cm，对应的 W_{dis} 从 0.03 J/cm³ 增加到 3.15 J/cm³，其变化趋势与在相同电场下通过 P-E 电滞回路计算的 W_{rec} 相同。此外，如图 6.17(b) 所示，针对放电速率评估，通常采用 $t_{0.9}$ 这个参数，它表示当 W_{dis} 达到所储存的能量释放 90% 所需的时间。从图中可以观察到，$t_{0.9}$ 始终小于 65 ns，这表明样品具有优异的放电速度。在储能系统中同样应考虑陶瓷电容器的温度稳定性。图 6.17(c) 显示了在 150 kV/cm 的外加电场作用下，不同工作温度下 $x=0.15$ 弛豫铁电陶瓷的 W_{dis} 和 $t_{0.9}$。随着温度升高，W_{dis} 和 $t_{0.9}$ 保持相对稳定，变化量小于 10%。这说明 $x=0.15$ 陶瓷在宽温度范围内具有快速放电速率和优异的温度稳定性。

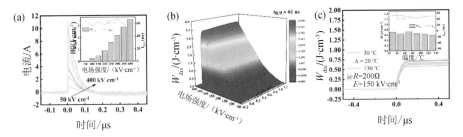

图 6.17　0.85(NBT-ST)-0.15LMZ 陶瓷在不同电场和不同温度下过阻尼直接测试图

图 6.18(a) 显示了 $x=0.15$ 陶瓷在零负载电阻下所测试的欠阻尼电流-时间曲线。随着外加电场的升高，所有峰值呈现上升趋势，最大电流(I_{max})从 50 kV/cm 时的 2.6 A 增加到 400 kV/cm 下的 32 A。这意味着陶瓷具有稳定的放电行为。如图 6.18(a) 插图所示，C_D 和 P_D 随着电场的升高逐渐增加，C_D 和 P_D 分别达到 1 019 A/cm² 和 204 MW/cm³ 的最大值。图 6.18(b) 显示了 $x=0.15$ 陶瓷的欠阻尼电流-时间曲线的温度稳定性。如图 6.18(c) 所示，随着温度的升高，C_D 和 P_D 有一定的波动，但 C_D 和 P_D 的变化始终保持在一个很小的范围内(低于 5%)。以上结果验证了陶瓷具有稳定的脉冲性能，具有广阔的应用前景。因此，$x=0.15$ 陶瓷由于具有优异的充放电性能、快速的放电速率以及杰出的 C_D 和 P_D，有望成为脉冲功率电容器的潜在候选材料。

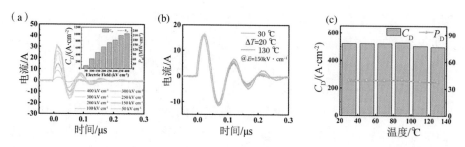

图 6.18　0.85(NBT-ST)-0.15LMZ 陶瓷的不同电场和不同温度下的欠阻尼直接测试图

6.6　本章小结

本章实验通过进行纳米尺度结构设计来实现优异储能性能。首先对于$(1-x)$Na$_{0.5}$Bi$_{0.5}$TiO$_3$-xSrTiO$_3$弛豫铁电陶瓷的性能进行研究,选取同时具备高击穿场强和优异极化差的组分作为基础研究组分。在此基础上,采用流延法成功制备$(1-x)$(Na$_{0.5}$Bi$_{0.5}$TiO$_3$-SrTiO$_3$)-xLa(Mg$_{1/2}$Zr$_{1/2}$)O$_3$弛豫铁电陶瓷。系统研究了 LMZ 对陶瓷的结构、介电以及储能行为的影响。

(1)通过 LMZ 的引入可以调控铁电陶瓷的畴结构,促进了畴向极性纳米区的转变,纳米畴工程促使 PNRs 形成,使得陶瓷样品弛豫特性得到大幅度提高,从而产生可忽略不计的 P_r,使得陶瓷样品保持较大的极化差。

(2)LMZ 的引入不仅在 NBT-ST 中保持了较大的极化差,而且还极大地提高了击穿强度。结合微观结构表征和电学性能分析表明,LMZ 的引入促进了微尺度结构的均匀化,抑制了高导电微区的形成,这使得击穿电场从 200 kV/cm 大幅提高到 580 kV/cm。

(3)在 $x=0.15$ 陶瓷样品中获得了优异的储能性能,在 580 kV/cm 的电场下 W_{rec} 达到 7.5 J/cm^3,储能效率达到 90.5%。陶瓷样品同样具有良好的稳定性,并且在充放电性能方面表现出明显优势。这项工作为设计高性能铁电储能材料提供了一种可行的方法,为多层陶瓷电容器的制备打下了基础。

参考文献

[1] HUANG J, QI H, GAO Y, et al. Expanded linear polarization response and excellent energy-storage properties in $(Bi_{0.5}Na_{0.5})TiO_3$-$KNbO_3$ relaxor antiferroelectrics with medium permittivity[J]. Chemical Engineering Journal, 2020, 398: 125639.

[2] CHU B, HAO J, LI P, et al. High-energy storage properties over a broad temperature range in La-modified BNT-based lead-free ceramics[J]. ACS Applied Materials Interfaces, 2022, 14(17): 19683-19696.

[3] TRUONG T N, VUONG L D. Effect of sintering temperature on the dielectric, ferroelectric and energy storage properties of SnO_2-doped $Bi_{0.5}(Na_{0.8}K_{0.2})_{0.5}TiO_3$ lead-free ceramics[J]. Journal of Advanced Dielectrics, 2020, 10(04): 2050011.

[4] ZHU X, GAO Y, SHI P, et al. Ultrahigh energy storage density in $(Bi_{0.5}Na_{0.5})_{0.65}Sr_{0.35}TiO_3$-based lead-free relaxor ceramics with excellent temperature stability[J]. Nano Energy, 2022, 98: 107276.

[5] LI X, CHENG Y, WANG F, et al. Enhancement of energy storage and hardness of $(Na_{0.5}Bi_{0.5})_{0.7}Sr_{0.3}TiO_3$-based relaxor ferroelectrics via introducing $Ba(Mg_{1/3}Nb_{2/3})O_3$[J]. Chemical Engineering Journal, 2022, 431(4): 133441.

[6] SHI J, CHEN X, LI X, et al. Realizing ultrahigh recoverable energy density and superior charge-discharge performance in $NaNbO_3$-based lead-free ceramics via a local random field strategy[J]. Journal of Materials Chemistry C, 2020, 8(11): 3784-3794.

[7] ZHU X, SHI P, GAO Y, et al. Enhanced energy storage performance of $0.88(0.65Bi_{0.5}Na_{0.5}TiO_3$-$0.35SrTiO_3)$-$0.12Bi(Mg_{0.5}Hf_{0.5})O_3$ lead-free relaxor ceramic by composition design strategy[J]. Chemical Engineering Journal, 2022, 437: 135462.

[8] JI H, WANG D, BAO W, et al. Ultrahigh energy density in short-range tilted NBT-based lead-free multilayer ceramic capacitors by nanodomain

percolation[J].Energy Storage Materials,2021,38:113-120.

[9]ARORA A,GANAPATHI K L,DIXIT T,et al. Thickness-dependent nonlinear electrical conductivity of few-layer muscovite mica[J]. Physical Review Applied,2022,17(6):064042.

[10]QI H,ZUO R. Linear-like lead-free relaxor antiferroelectric ($Bi_{0.5}Na_{0.5}$)TiO_3-$NaNbO_3$ with giant energy-storage density/efficiency and super stability against temperature and frequency[J].Journal of Materials Chemistry A,2019,7(8):3971-3978.

[11]YAN F,ZHOU X,HE X,et al. Superior energy storage properties and excellent stability achieved in environment-friendly ferroelectrics via composition design strategy[J].Nano Energy,2020,75:105012.

[12]LI M,FAN P,MA W,et al. Constructing layered structures to enhance the breakdown strength and energy density of $Na_{0.5}Bi_{0.5}TiO_3$-based lead-free dielectric ceramics[J].Journal of Materials Chemistry C,2019,7(48):15292-15300.

[13]LI X,CHENG Y,WANG F,et al. Enhancement of energy storage and hardness of ($Na_{0.5}Bi_{0.5}$)$_{0.7}Sr_{0.3}TiO_3$-based relaxor ferroelectrics via introducing $Ba(Mg_{1/3}Nb_{2/3})O_3$[J].Chemical Engineering Journal,2022,431(4):133441.

[14]YAN F,HUANG K,JIANG T,et al. Significantly enhanced energy storage density and efficiency of BNT-based perovskite ceramics via A-site defect engineering[J].Energy Storage Materials,2020,30:392-400.

[15]YAN F,BAI H,ZHOU X,et al. Realizing superior energy storage properties in lead-free ceramics via a macro-structure design strategy[J]. Journal of Materials Chemistry A,2020,8(23):11656-11664.

[16]HU D,PAN Z,ZHANG X,et al. Greatly enhanced discharge energy density and efficiency of novel relaxation ferroelectric BNT-BKT-based ceramics[J].Journal of Materials Chemistry C,2020,8(2):591-601.

[17]QIAO X,ZHANG F,WU D,et al. Superior comprehensive energy storage properties in $Bi_{0.5}Na_{0.5}TiO_3$-based relaxor ferroelectric ceramics[J]. Chemical Engineering Journal,2020,388:124158.

[18]WANG M,FENG Q,LUO C,et al. Ultrahigh energy storage density

and efficiency in $Bi_{0.5}Na_{0.5}TiO_3$-based ceramics via the domain and bandgap engineering [J]. ACS Applied Materials & Interfaces, 2021, 13(43): 51218-51229.

[19] CHEN P, CAO W, LI T, et al. Outstanding energy-storage and charge-discharge performances in $Na_{0.5}Bi_{0.5}TiO_3$ lead-free ceramics via linear additive of $Ca_{0.85}Bi_{0.1}TiO_3$[J]. Chemical Engineering Journal, 2022, 435: 135065.

[20] LUO C, WEI Y, FENG Q, et al. Significantly enhanced energy-storage properties of $Bi_{0.47}Na_{0.47}Ba_{0.06}TiO_3$-$CaHfO_3$ ceramics by introducing $Sr_{0.7}Bi_{0.2}TiO_3$ for pulse capacitor application [J]. Chemical Engineering Journal, 2022, 429: 132165.

第 7 章 NBT-SLT-xBMN 陶瓷及多层陶瓷电容器储能性能

由于铁电材料具有高的极化率,故其被认为是最有前途的储能材料之一,然而,铁电材料同时表现出大能量损失和低 BDS 的缺点[1-3]。本章通过优化烧结工艺,在 $0.85(0.55Na_{0.5}Bi_{0.5}TiO_3\text{-}0.45Sr_{0.7}La_{0.2}TiO_3)\text{-}0.15Bi(Mg_{2/3}Nb_{1/3})O_3$ (NBT-SLT-BMN)弛豫铁电陶瓷中实现了优异的储能性能,表明合适的烧结温度可以优化铁电陶瓷的微观结构,提高储能性能,一些其他的优秀研究成果也能验证本章的研究结果[4-5]。本章在探索烧结温度优化陶瓷的微观结构的同时,通过 BMN 掺入再进一步提高其 BDS,大大抑制陶瓷的剩余极化 P_r,从而进一步提高 NBT 基陶瓷的储能性能[6-11],最后利用性能最好的陶瓷组分,制备性能优良的 MLCC。

7.1 烧结温度对 NBT-SLT-BMN 陶瓷微观结构的影响

图 7.1(a)显示了不同烧结温度 NBT-SLT-BMN 陶瓷烧结的 X 射线衍射图 (XRD)。显然,所有陶瓷都表现出典型的钙钛矿结构,没有明显的第二相痕迹,这表明 NBT-SLT-BMN 陶瓷可以在较宽的烧结温度范围内合成。尖锐的衍射峰表明陶瓷具有高结晶度。通过(200)峰放大图,如图 7.1(b)所示,所有陶瓷都没有看到(200)衍射峰的分裂,表明陶瓷具有典型的赝立方结构[12]。此外,随着烧结温度的升高,衍射峰向低角度移动,这表明钙钛矿晶格在膨胀。

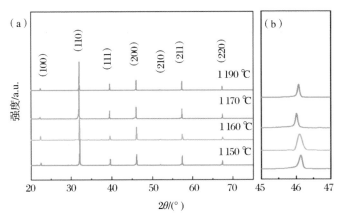

图 7.1　不同烧结温度下 NBT-SLT-BMN 陶瓷 XRD 衍射图及(200)峰的放大图

采用拉曼光谱对陶瓷样品表征局部结构的演变,如图 7.2(a)所示。拉曼峰对应四个主要区域:①120 cm^{-1} 附近的模式与 A 位阳离子的振动有关;②200～400 cm^{-1} 附近的模式与 B—O 振动有关;③450～700 cm^{-1} 附近的模态与 BO_6 八面体振动有关;④700 cm^{-1} 以上的高频区域表明 A_1(纵向光学)和 E(纵向光学)重叠带重叠。此外,根据洛伦兹函数,这些拉曼峰可以解卷积为 A～E 的五个波段(例如,烧结温度为 1 150 ℃ 和 1 170 ℃),如图 7.2(b)所示。BO 振动(A 峰)从 223.34 降低到 223.31,随着烧结温度的升高,A 峰值的降低表明陶瓷从正常铁电体转变为弛豫铁电体。这是因为 A 峰对应的 BO 振动与 PNR 的动力学密切相关。简而言之,陶瓷的弛豫行为随着烧结温度的升高而增加[13]。

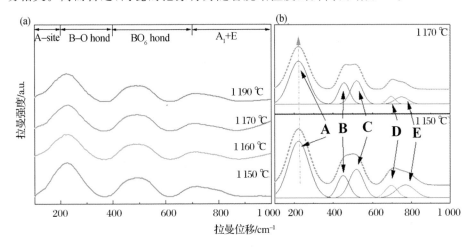

图 7.2　不同烧结温度下 NBT-SLT-BMN 陶瓷拉曼衍射图及拉曼拟合图

图7.3(a)~(d)显示了NBT-SLT-BMN陶瓷(分别在1 150,1 160,1 170,1 190 ℃下烧结)的SEM图像。计算了不同烧结温度下陶瓷的相对密度,分别为96.9%、97.1%、97.7%和96.7%。此外,陶瓷的晶粒尺寸不同,表明烧结温度在影响晶粒生长。根据晶粒尺寸分布,在1 170 ℃烧结的陶瓷具有最小的平均晶粒尺寸,仅为1.69 μm。在此烧结温度下,陶瓷也获得最大相对密度,说明陶瓷烧结致密。晶粒尺寸的差异归因于烧结过程中的离子扩散和颗粒迁移[14-16]。小晶粒尺寸可使陶瓷获得致密的结构和较少的缺陷,有利于提高陶瓷的BDS[17]。

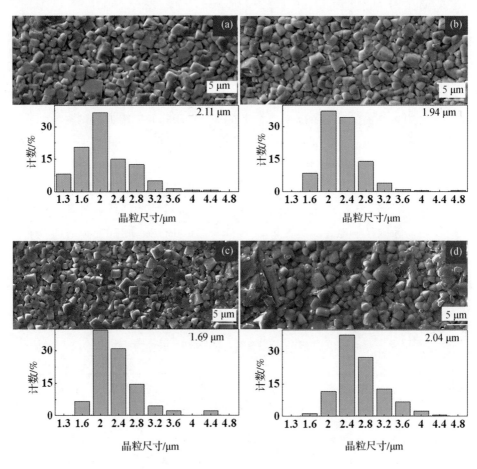

图7.3 不同烧结温度下NBT-SLT-BMN陶瓷的扫描电镜图和NBT-SLT-BMN陶瓷的晶粒尺寸分布图

图 7.4 显示了 NBT-SLT-BMN 陶瓷在室温下的接触式 PFM 图像,极化方向由相位图像中的对比度表示。可以通过观察畴形态的变化来发现介电弛豫行为的演变。在 1 150 ℃的烧结温度下,可以在样品中观察到典型的铁电畴[见图 7.4(a)]。这些畴具有强烈而清晰的对比,畴的形状具有长程有序铁电畴的特征。随着烧结温度的升高,铁电畴变小且不规则。在 PFM 图像中没有观察到明显的区域结构模式,这应该是由于 PNR 的存在打破了铁电畴的长程有序结构。正是由于烧结温度的升高,陶瓷内部存在大量的 PNRs,增强了陶瓷的介电弛豫行为。PNR 可以提高陶瓷在外电场下产生响应和快速极化的能力,也可以使陶瓷在低频下产生极化响应[18-20]。

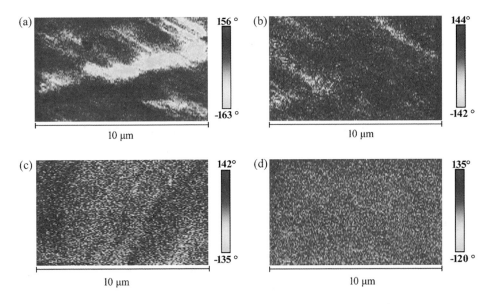

图 7.4　不同烧结温度 NBT-SLT-BMN 陶瓷相的 PFM 图像

7.2　烧结温度对 NBT-SLT-BMN 陶瓷电学性能的影响

图 7.5 显示了 NBT-SLT-BMN 陶瓷在不同烧结温度下的温谱图。NBT-SLT-BMN 陶瓷的介电曲线中有两个介电峰(T_s 和 T_m)。T_s 源于离散 PNR 的

热演化,而 T_m 是由从菱面体 PNR 到四边形 PNR 的转变引起的[21]。随着测试频率的增加(从 1 kHz 到 1 MHz),T_s 呈上升趋势,这种现象显示了在 RFE 中观察到的典型介电特性[22]。而且,随着烧结温度升高到 1 190 ℃,T_m 峰转变为凹陷和扩散。这种现象表明扩散相变行为增强。换言之,烧结温度的升高会使陶瓷的弛豫行为增强。

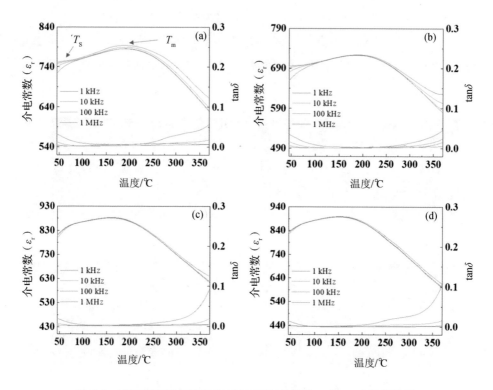

图 7.5 不同烧结温度下 NBT-SLT-BMN 陶瓷的 ε_r 和 $\tan\delta$ 的温谱图

图 7.6 显示 NBT-SLT-BMN 陶瓷在不同烧结温度下的 ε_r 和 $\tan\delta$ 的频率依赖性。同温谱一样,随着烧结温度的升高,介电常数逐渐减小,这同样也是由于烧结温度的升高使陶瓷的弛豫性逐渐加强。随着频率的增加,介电常数整体下降,这是与温谱不同的现象。这说明,频率会影响陶瓷的稳定性。并且,在最佳烧结温度下,陶瓷的损耗也是最小的,最佳烧结温度会使陶瓷各项性能达到最佳。

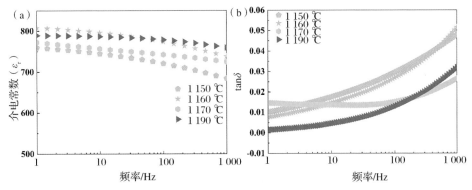

图 7.6 不同烧结温度下 NBT-SLT-BMN 陶瓷的频谱图及损耗图

图 7.7 显示了陶瓷介质 BDS 的 Weibull 分布,通常用于 BDS 分析。通过实验数据的线性拟合得到 Weibull 模量的值。平均 BDS 值在 1 170 ℃时的最大值为 348 kV/cm。众所周知,小晶粒尺寸的介电陶瓷通常表现出高 BDS。BDS 的改善归因于晶粒尺寸随着烧结温度的升高而减小。

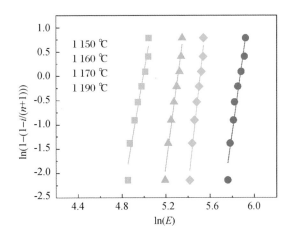

图 7.7 不同烧结温度下的 NBT-SLT-BMN 陶瓷在不同电场下的 Weibull 分布图

7.3 烧结温度 NBT-SLT-BMN 陶瓷储能性能的影响

为了研究 NBT-SLT-BMN 陶瓷的储能特性,在最佳击穿场强下测量 P-E

曲线,如图 7.8(a)所示。在 1 170 ℃ 烧结的陶瓷具有最大的 P_{max},P_r 仍然保持在较低水平,因此表现出最大的极化差($\Delta P = P_{max} - P_r$),有利于提高储能性能。基于 $P\text{-}E$ 曲线,在 1 170 ℃ 烧结的陶瓷中获得的最大 W_{rec} 为 3.88 J/cm^3,是 1 150 ℃ 烧结陶瓷的三倍。此外,η 达到 85%,表现出低能量损失。图 7.8(b)显示了 NBT-SLT-BMN 陶瓷在 150 kV/cm 的不同烧结温度下的极化 $P\text{-}E$ 曲线。随着烧结温度的升高,P_{max} 从 18.1 $\mu C/cm^2$ 减小到 12.4 $\mu C/cm^2$,P_r 从 1.45 $\mu C/cm^2$ 减小到 0.24 $\mu C/cm^2$,表明 $P\text{-}E$ 曲线逐渐变细。高烧结温度扰乱了铁电畴的长程有序并诱导了 PNR,导致极化降低,再次证明了增强的弛豫行为。优异的储能性能归因于高 BDS 和增强的弛豫特性,这是通过优化烧结温度来实现的。

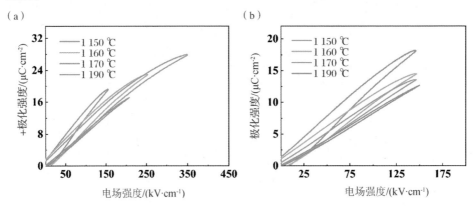

图 7.8　(a)不同烧结温度下 NBT-SLT-BMN 陶瓷在 BDS 的 $P\text{-}E$ 曲线;
(b)在 150 kV/cm 的 $P\text{-}E$ 曲线

图 7.9 显示了室温下 NBT-SLT-BMN 陶瓷在不同电场下的 $I\text{-}E$ 曲线。利用铁电测试仪对陶瓷的放电流测试一直是了解陶瓷材料在电场下产生相变的手段之一。如图所示,随着外加电场的增大,电流峰值越来越明显,进一步证实了在陶瓷的 PNR 中出现了电场诱导的极化[23-24]。

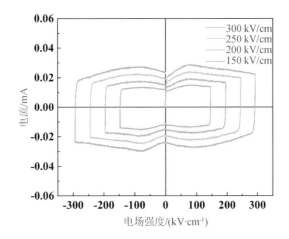

图 7.9　1 170 ℃下烧结的 NBT-SLT-BMN 陶瓷在不同电场下的 *I-E* 曲线

为了探索在 1 170 ℃下烧结的 NBT-SLT-BMN 陶瓷的储能稳定性,测量了不同温度和频率下的 *P-E* 曲线。图 7.10(a,b)显示了陶瓷在 20 ℃至 180 ℃温度范围内和 200 kV/cm 电场作用下的 *P-E* 曲线。P_{max} 随着测量温度的升高而略有下降,陶瓷的 W_{rec} 从 1.65 J/cm³ 下降到 1.43 J/cm³,变化率为 13%,η 的变化范围小于 3%,如图 7.10(b)所示。图 7.10(c,d)显示了陶瓷在 1 Hz 至 125 Hz 频率范围内和低于 200 kV/cm 的 *P-E* 曲线。W_{rec} 值从 1.83 J/cm³ 下降到 1.56 J/cm³,η 变化率不超过 7%。W_{rec} 的稳定频率依赖性是由于 PNR 对电场的频率响应不敏感。因此,陶瓷不仅具有良好的储能性能,而且具有优异的温度和频率稳定性。

事实上,由于实际应用中材料的放电时间比测试时的放电时间要短得多,因此 *P-E* 曲线计算的 W_{rec} 与陶瓷的实际能量密度不同[25]。在所设计的 *RLC* 电路中,陶瓷电容以亚微秒的速率释放电流,这更接近陶瓷在实际应用中的充放电特性。因此,研究了 1 170 ℃烧结的 NBT-SLT-BMN 陶瓷的过阻尼放电特性,图 7.11(a)显示了不同电场下的放电电流曲线。

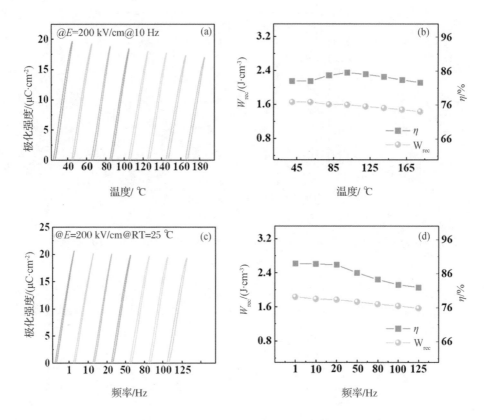

图 7.10 1 170 ℃下烧结的 NBT-SLT-BMN 陶瓷在不同测试温度和频率下的 P-E 曲线(a,c)及储能性能图(b,d)

不同施加电场下的 W_{dis} 如图 7.11(b)所示。从图中可以看出,W_{dis} 的值从 150 kV/cm 的 0.4 J/cm³ 增加到 300 kV/cm 的 1.6 J/cm³。2.1 J/cm³ 的最大 W_{dis} 低于 300 kV/cm 时 P-E 曲线计算的 W_{dis}(3.14 J/cm³),这归因于 RLC 电路中极短的脉冲放电过程。陶瓷的参数 $t_{0.9}$(达到 90% 饱和 W_{dis} 值的放电时间)在 300 kV/cm 下仅为 70 ns,表现出快速的放电速度。此外,C_D 和功率密度 P_D 也是衡量脉冲电源系统在实际应用中性能的重要因素。这里,当负载电阻为零时测量脉冲放电电流,如图 7.11(c)所示。第一峰值电流 I_{max} 的值随着外加电场的增加而增加。C_D 和 P_D 可以通过公式进行计算。如图 7.11(d)所示,C_D 和 P_D 分别达到 684.7 A/cm² 和 68.47 MW/cm³。

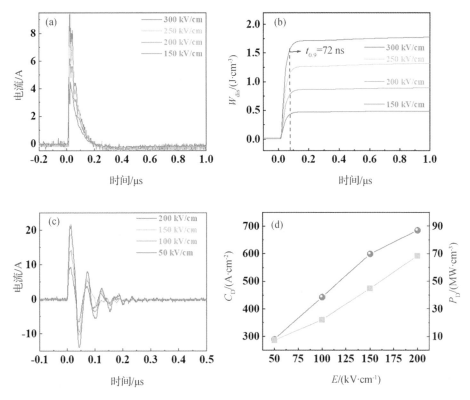

图 7.11 (a) 1 170 ℃下烧结的 NBT-SLT-BMN 陶瓷在不同电场下的过阻尼测试电流曲线;(b)放电流密度及时间;(c)过阻尼测试电流曲线;(d)电流密度和功率密度图

7.4 BMN 含量对 NBT-SLT-xBMN 陶瓷微观结构的影响

图 7.12(a)显示了 $(1-x)(0.6Na_{0.5}Bi_{0.5}TiO_3\text{-}0.4Sr_{0.7}La_{0.2}TiO_3)$-$xBi(Mg_{2/3}Nb_{1/3})O_3$($(1-x)$(NBT-SLT)-$x$BMN)陶瓷的 XRD 图谱。从图 7.12(a)可以看出,$(1-x)$(NBT-SLT)-xBMN 陶瓷呈现钙钛矿结构,表明 BMN 可以扩散到晶格中并与 NBT-SLT 形成固溶体。随着掺杂 BMN 含量的进一步增加,第二相出现并逐渐强化,这是由于固溶度的限制和过量的 Bi_2O_3,在 NBT 基陶瓷中也有类似报道。图 7.12(b)显示,通过(200)峰的放大图看到,所有组分

陶瓷都没有看到(200)衍射峰分裂,表明陶瓷具有典型的伪立方结构。此外,随着 BMN 掺杂量的增加,衍射峰向较低的角度移动。这是因为离子半径较大的 Mg^{2+} 逐渐取代离子半径较小的 Ti^{4+},扩大了陶瓷的钙钛矿晶格。

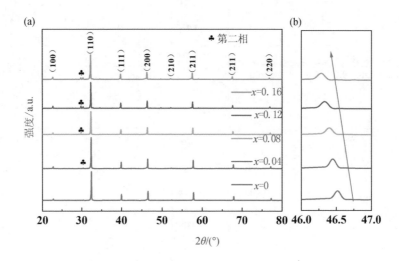

图 7.12　$(1-x)(NBT-SLT)-xBMN(x=0,0.04,0.08,0.12,0.16)$ 陶瓷的 XRD 衍射图及(200)峰的放大图

$(1-x)$NBSLT-xBMN 陶瓷的 SEM 图如图 7.13(a)~(e)所示,所有组分的陶瓷的晶粒都十分清晰,晶粒之间没有明显的空隙存在,晶粒尺寸在掺杂量不断增加的情况下逐渐下降,但是在 0.16 组分处产生拐点,图 7.13 的晶粒尺寸拟合图也可以证实观察到的现象。一般来说,在晶粒尺寸小的块状陶瓷中可以获得大的 BDS。这是因为在相同体积的陶瓷块体下,较小的晶粒可以获得更多的晶界,可以俘获一些载流子,形成局部肖特基势垒,从而提高击穿场强。

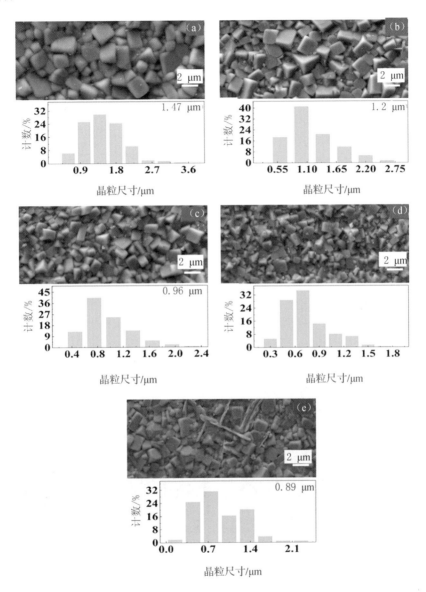

图 7.13 $(1-x)(NBT-SLT)-xBMN(x=0,0.04,0.08,0.12,0.16)$
陶瓷的扫描电镜图和晶粒尺寸拟合图

从图 7.14 可以看到,陶瓷的晶粒尺寸分别为 1.47,1.2,0.96,0.74,0.89 μm,陶瓷的密度分别为 5.58,5.69,5.8,5.86,5.93 g/cm³。该结果表明 BMN 的加入导致陶瓷的晶粒尺寸降低和密度增加[26-27]。图 7.15 展示了最佳掺杂组

分 $x=0.12$ 组分的 SEM 能谱图,展示了所有陶瓷组分元素的图片。可以看到,所有的元素分布都十分均匀,证明了 0.12 组分陶瓷性能良好在结构上的可能性。

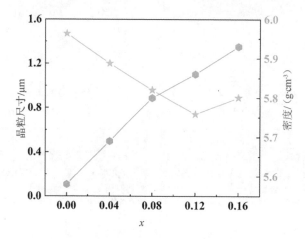

图 7.14　$(1-x)$(NBT-SLT)-xBMN($x=0,0.04,0.08,0.12,0.16$)陶瓷的晶粒尺寸及密度图

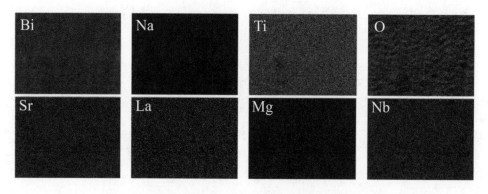

图 7.15　0.88(NBT-SLT)-0.12BMN 陶瓷的元素能谱图

7.5　BMN 含量对 NBT-SLT-xBMN 陶瓷电学性能的影响

图 7.16 显示了 NBT-SLT-BMN 陶瓷的 ε_r 的温度依赖性和频率依赖性。

BNT 陶瓷在室温到 400 ℃ 之间通常有两个异常介电峰:高温部分的 T_m 峰值和低温肩部的 T_s 峰值。T_s 的峰值与 $R3c$ 和 $P4bm$ 的两种 PNR 的热演化有关。根据 BNT 的弛豫理论,T_m 的峰值通常位于高温段。它是 $R3c \rightarrow P4bm$ 跃迁和 $P4bm$ 热演化相互作用的结果[28]。在 NBT-SLT 中加入 BMN 后,高温范围内的介电曲线变得平坦,有利于在高温下保持稳定性[29]。与其他报道类似,总介电常数随着 BMN 含量的增加而降低,两个峰的扩散导致两个峰之间的高度差减小,且两个峰之间的曲线变宽。这些现象与改善介电稳定性的弛豫伪立方相的形成有关。频谱图的总介电常数也随着 BMN 含量的增加而降低,与之前的研究相同,符合普遍的客观规律。

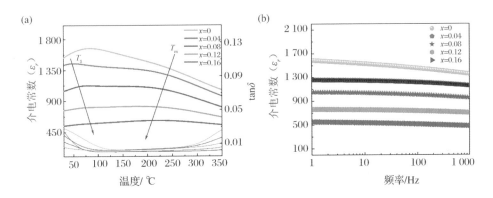

图 7.16　$(1-x)(NBT-SLT)-x BMN(x=0,0.04,0.08,0.12,0.16)$
陶瓷温谱图及频谱图

图 7.17 显示了陶瓷介质 BDS 的 Weibull 分布,通常用于 BDS 分析的 Weibull 模量的值是通过实验数据线性拟合得到的。平均 BDS 值在 $x=0.12$ 达到最大的 509 kV/cm。独特的结构往往可以带来很好的性能,就材料的固有特性而言,带隙(E_g)这一内部因素对 BMN 掺杂陶瓷的击穿场强也有很大影响[30]。电子从价带顶部跃迁到导带底部所需的能量的大小通常是击穿场强的反映。陶瓷的紫外-可见吸收光谱如图 7.18(a)所示,图 7.18(b)显示了由 UV-Vis 吸收光谱的结果计算出的陶瓷的光学带隙 E_g,计算公式为 Tauc 方程[31]:

$$ah\nu^2 = A(h\nu - E_g) \tag{5.1}$$

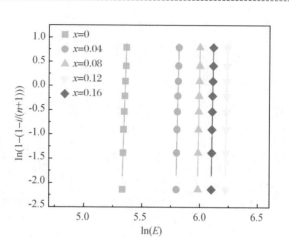

图 7.17 $(1-x)$(NBT-SLT)-xBMN($x=0,0.04,0.08,0.12,0.16$)
陶瓷的击穿场强 Weibull 分布图

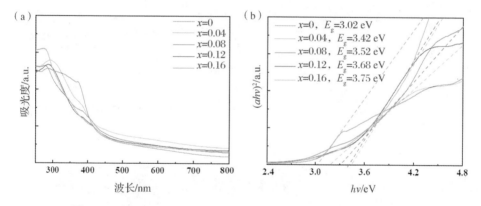

图 7.18 $(1-x)$(NBT-SLT)-xBMN($x=0,0.04,0.08,0.12,0.16$)
陶瓷的紫外-可见光吸收图谱及带隙图

图 7.19 显示了 NBT-SLT-xBMN 陶瓷的 I-E 曲线。当 BMN 含量为 0 时,纯 SLT 在第一和第三象限出现两个明显的电流峰,在强电场下转变为长程有序铁电体,但由于 NBT-SLT 是弛豫铁电体,其铁电峰不是很明显。随着掺杂量的增加,I-E 曲线中的电流峰逐渐消失,这是弛豫铁电体可逆弛豫铁电相转变为铁电相的表现。因此可以预见,BMN 的引入可以有效打断长程铁电有序,使电流峰变得更加扩散和展宽,是增强弛豫的体现。图 7.19(f) 显示了 NBT-SLT-0.12BMN 陶瓷在室温下具有不同电场的 I-E 曲线。如图所示,随着外加电场的增大,电流峰值越来越明显,进一步证实了电场诱导的局部极化出现在陶瓷的 PNR 中[32]。

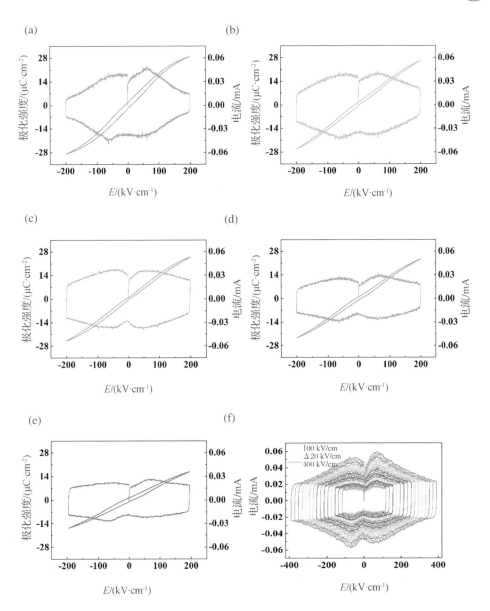

图 7.19 (a-e)(1−x)(NBT-SLT)-xBMN(x=0,0.04,0.08,0.12,0.16) 陶瓷在 200 kV/cm 电场下的 P-E 和 I-E 曲线;(f) 0.88(NBT-SLT)-0.12BMN 陶瓷组分在不同电场下的 I-E 曲线

陶瓷的电导率和 BDS 可以通过漏电流特性来反映。图 7.20(a) 绘制了不同 BMN 含量的漏电流密度。当 BMN 含量达到 $x=0.12$ 时，漏电流密度达到最小，这有助于 BDS 的增强。

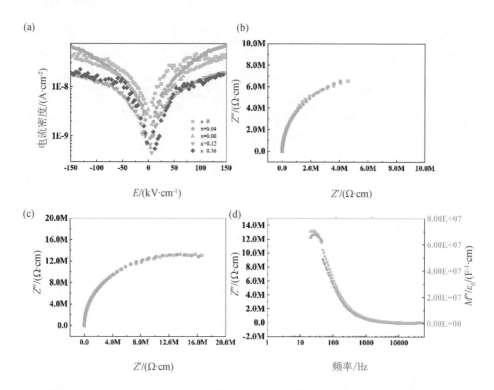

图 7.20　(a) $(1-x)$(NBT-SLT)-xBMN($x=0,0.04,0.08,0.12,0.16$) 陶瓷的漏电流图；(b) $x=0$，(c) $x=0.12$ 组分陶瓷的阻抗图；(d) $x=0.12$ 组分陶瓷的德拜图

BMN 含量分别为 $x=0$，$x=0.12$ 陶瓷的阻抗谱数据如图 7.20(b,c) 所示。$x=0$ 陶瓷的电阻相较于 $x=0.12$ 陶瓷的电阻来说要小很多，这说明 BMN 掺杂量的增加可以很好地改善陶瓷的导电机制，电阻越高的电介质材料可以在储能特性这一方向上获得更加优秀的击穿场强。也可以看到，陶瓷的电阻过大，在 500 ℃ 下仍不能测出饱和的 Z'' 峰和 M'' 峰，但是现有的数据也可以观察到德拜峰的重合，这说明陶瓷的电致均匀性很好，掺杂并没有破坏陶瓷的导电机制[33-34]。

7.6 BMN 含量对 NBT-SLT-xBMN 陶瓷储能性能的影响

图 7.21 显示了陶瓷的 P-E 曲线以及从中计算储能特性。图 7.21(a) 显示了具有不同 BMN 掺杂的陶瓷在其击穿电场中的单极 P-E 曲线。图 7.21(c) 显示了在 200 kV/cm 下具有不同 BMN 掺杂的陶瓷的单极 P-E 曲线,其中可以观察到 P_{max} 和 P_r 的降低。P_{max}、P_r 和 $\Delta P(P_{max} - P_r)$ 的相应值如图 7.21(d) 所示,其中 P_{max} 随着 BMN 掺杂的增加而降低。计算的基于能量存储密度的效率如图 7.21(b) 所示。在 $x=0.12$ 陶瓷组分中获得了最大的可恢复储能密度,$W_{rec}=6.5$ J/cm³,效率达到了 85%。这归因于 $x=0.12$ 陶瓷的最大击穿场强和较小 P_r。

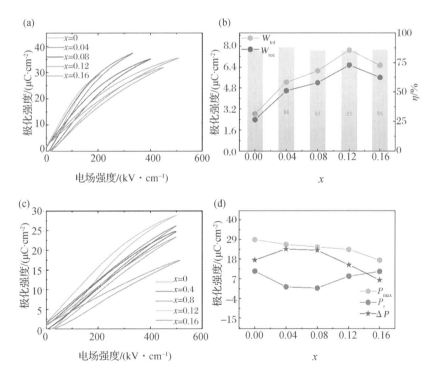

图 7.21　(a) $(1-x)$(NBT-SLT)-xBMN($x=0,0.04,0.08,0.12,0.16$) 陶瓷在 BDS 上的 P-E 曲线;(b) 储能性能图;(c) 在 200 kV/cm 的 P-E 曲线;(d) 极化对比图

图 7.22(a,b)显示了由 $x=0$,$x=0.12$ 组分陶瓷的特性产生的雷达图。从雷达上可以看出,$x=0.12$ 组分陶瓷在 W_{tot}、W_{rec}、ΔP、E、η 等方面较 $x=0$ 组分陶瓷有很大提高。

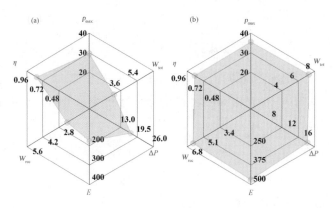

图 7.22 $x=0$,$x=0.12$ 组分 NBT-SLT-BMN 陶瓷的储能特性绘制的雷达图

为了探索 NBT-SLT-BMN 陶瓷的储能稳定性,测量了不同温度和频率下的 P-E 曲线。图 7.23(a,b)显示了陶瓷在 20 ℃ 至 130 ℃ 温度范围内和 200 kV/cm 电场下的 P-E 曲线。P_{max} 随着测量温度的升高而略有下降。陶瓷的 W_{rec} 从 2.11 J/cm³ 下降到 1.83 J/cm³,变化率为 13%,η 的变化范围小于 3%。图 7.23(c,d)显示了陶瓷在 1 Hz 至 250 Hz 频率范围内和低于 200 kV/cm 的 P-E 曲线。W_{rec} 值从 2.06 J/cm³ 下降到 1.90 J/cm³,η 变化率不超过 7%。W_{rec} 的稳定频率依赖性是由于 PNR 对电场的频率响应不敏感。因此,陶瓷不仅具有良好的储能性能,而且具有优良的温度和频率稳定性。

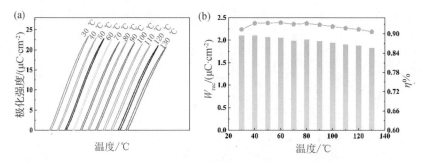

图 7.23 0.88(NBT-SLT)-0.12BMN 陶瓷在不同温度和频率下的 P-E 曲线及储能性能图

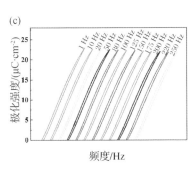
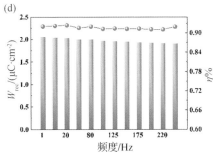

图 7.23 0.88(NBT-SLT)-0.12BMN 陶瓷在不同温度和
频率下的 P-E 曲线及储能性能图(续)

通常,介电电容器在实际应用中表现出超快的充电速率。因此,使用 RC 电路在不同电场下测试 $x=0.12$ 陶瓷的过阻尼脉冲放电电流曲线,如图 7.24(a)所示。图 7.24(b)显示了 W_{dis} 的时间依赖性,直接测试 R 是负载电阻,本书中选择的是 200 Ω。随着施加的电场从 100 kV/cm 增加到 350 kV/cm,W_{dis} 从 0.6 J/cm^3 增加到 2.1 J/cm^3,这与在相同电场下从 P-E 回路计算的 W_{rec} 非常接近。W_{rec} 和 W_{dis} 之间这种极其微小的差异可能与等效串联电阻中放电能量的损失和充放电的加载频率有关。$t_{0.9}$ 是用于评估放电率的参数,表示负载中 W_{dis} 达到放电曲线最终值 90% 的放电时间。在测试范围内,$t_{0.9}$ 的值为 105 ns,说明样品具有超快的放电速率。在储能系统中应考虑陶瓷电容器的温度稳定性。图 7.24(c)显示了 $x=0.12$ 陶瓷的过阻尼电流-时间曲线的温度依赖性。峰值保持稳定在 6.8 A 左右。相同条件下的相应 W_{dis} 绘制在图 7.24(d)中。W_{dis} 有类似的趋势,并且保持相对稳定,变化小于 10%。此外,最大 W_{dis} 是在 140 ℃时获得的,这源于介电常数的变化和随着温度升高而增强的热波动。

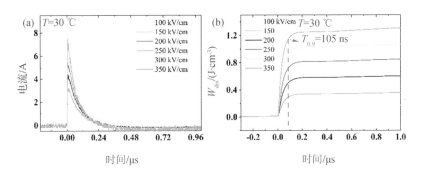

图 7.24 0.88(NBT-SLT)-0.12BMN 陶瓷在不同电场和不同温度下过阻尼直接测试图

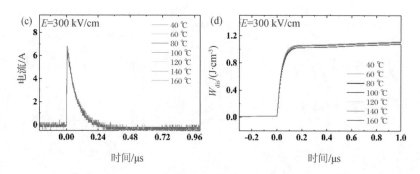

图 7.24 0.88(NBT-SLT)-0.12BMN 陶瓷在不同电场和不同温度下过阻尼直接测试图(续)

图 7.25(a)显示了 $x=0.12$ 陶瓷的欠阻尼电流-时间曲线的时间依赖性。随着电场的升高,所有峰值呈现上升趋势,如图 7.25(b)所示,C_D 和 P_D 随着电场的升高逐渐增加,C_D 变化范围为 375~1 190 A/cm²,P_D 变化范围为 25~215 MW/cm³。图 7.25(c)显示了 $x=0.12$ 陶瓷的欠阻尼电流-时间曲线的温度依赖性。由于温度的介电非线性,第一个峰的位置是固定的,而随着温度的升高,其他峰的位置发生了变化,这是由于 PNR 的较小尺寸和增强的 PNR 动力学导致 I_{max} 随着温度的升高而显著增大。如图 7.25(d)所示,C_D 和 P_D 随着温度的升高有一定的波动,但 C_D(1 050~1 100 A/cm²)和 P_D(150~160 MW/cm³)的变化保持在一个很小的范围内(低于 5%)。以上结果验证了陶瓷具有稳定的脉冲性能,具有广阔的应用前景。

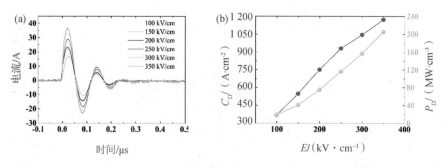

图 7.25 0.88(NBT-SLT)-0.12BMN 陶瓷的不同电场和不同温度下的欠阻尼直接测试图

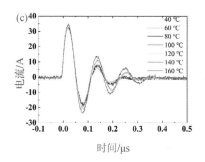 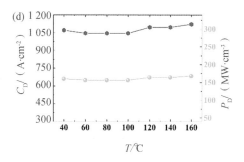

图7.25 0.88(NBT-SLT)-0.12BMN 陶瓷的不同电场和不同温度下的欠阻尼直接测试图(续)

7.7 0.88(NBT-SLT)-0.12BMN 多层陶瓷电容器的储能性能研究

利用陶瓷电容器的最佳材料组分 0.88(NBT-SLT)-0.12BMN 制备 MLCC，研究其微观结构对储能性能的影响。

7.7.1 0.88(NBT-SLT)-0.12BMN 多层陶瓷电容器的微观结构

如图 7.26(a)所示，具有三个电极层和两个介质层为主体的两层电容器结构被制备出。介质层的平均厚度为 13 μm，电极层的平均厚度为 4 μm 左右。可以观察到，电容器的介质层和电极层的结合十分紧密，并没有很大的空隙。在实际的工作环境下，电极和电容器结合如果不充分的话，会产生许多的问题。比如，在电场下，大的空隙会使 MLCC 的性能产生偏差，甚至会直接击穿。此外，空隙的产生会使电极层的厚度变得不均匀，介质层可能也会随着空隙的出现而产生变形，影响 MLCC 的性能[35]。图 7.26(b)展示了 MLCC 的能谱测试，测试的 Pt 元素也就是电极的主要元素，可以看到，电极是比较连续的，并且没有在电容器中产生扩散，这说明电极和 MLCC 的适配度良好。

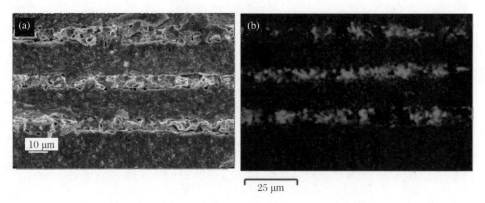

图 7.26　MLCC 扫描电镜截面图及电极元素能谱图

7.7.2　0.88(NBT-SLT)-0.12BMN 多层陶瓷电容器的储能性能

图 7.27(a,b)展示了 MLCC 在不同的烧结温度下的 $P\text{-}E$ 曲线,随着烧结温度的不断降低,陶瓷的饱和极化和电场在不断增加,但是,陶瓷的效率也在急速下降。所以本次实验最终选择了 1 000 ℃ 作为 MLCC 的烧结温度。

图 7.27(c,d)展示了 MLCC 在不同烧结速率下的 $P\text{-}E$ 曲线,可以看到,随着烧结速率的不断增加,MLCC 的饱和极化、击穿电场和效率都在改善,在 8 ℃/min 的烧结速率下,MLCC 的饱和极化高达 41.7 $\mu C/cm^2$,击穿场强更是达到了 1 135 kV/cm,并且,整个单极电滞回线呈现纤细的形状。最后经过计算,MLCC 的 W_{rec} 为 15.6 J/cm^3,效率达到了 89.9%。这可以说明,烧结温度和烧结速率对 MLCC 的性能影响很大,这也是本书一系列实验不断优化热处理工艺的一大原因。快速的烧结温度可以使 MLCC 内外烧结收缩一致,不会让 MLCC 产生结构上的缺陷[36]。但是,由于实验室环境的限制,没有研究出最佳的烧结速率,不过,越快的烧结速率需要的设备就越加昂贵,太过昂贵生产成本也不符合绿色、环保、节能的基本理念,所以,本次实验就不再对陶瓷的最佳烧结速率进行研究。

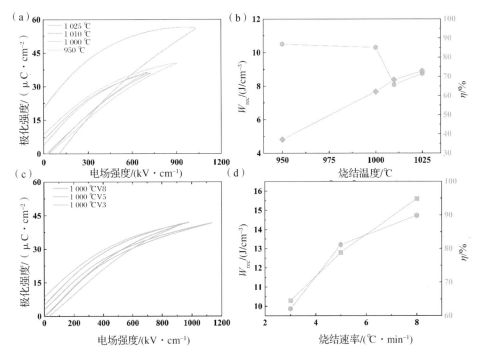

图 7.27 （a,b）MLCC 在不同烧结温度下的 P-E 图和储能性能图；
（c,d）在不同烧结速率下的 P-E 图和储能性能图

在实际的工作条件下，MLCC 的工作温度往往会比室温要高，所以对电容器的温度稳定性测试十分必要，如图 7.28 所示，本书用铁电测试仪对 MLCC 进行了温度稳定性的测试，在 700 kV/cm 电场下，在室温到 100 ℃ 这一范围内，MLCC 的可释放储能密度基本保持不变，但是陶瓷的储能效率略有下降，这表明 MLCC 在这一温度范围内具有很好的温度稳定性。另外，电容在不断充放电的过程中，会产生一些结构上的缺陷，这种缺陷在充放电次数累积的过程中会被不断地放大，因此，本书利用直接测试电路，在 700 kV/cm 电场下，在 200 Ω 的电阻下对陶瓷的抗疲劳能力进行了测试，图 7.29 展示了 MLCC 在不同测试次数下的过阻尼脉冲放电电流和 W_{dis}。可以看到，电容器的放电流密度下降的程度不高，基本保持着一个相同的数值，这说明在 10 000 次不断充放电的时候，MLCC 仍保持着良好的稳定性。

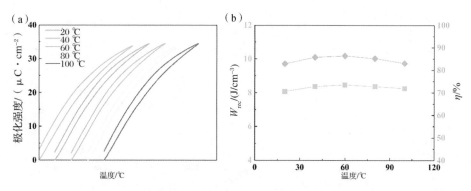

图 7.28 MLCC 在不同测试温度下的 P-E 图及储能性能图

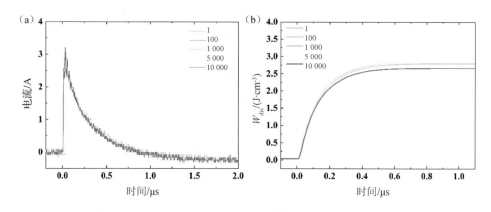

图 7.29 MLCC 在不同测试次数下的过阻尼曲线及放电流密度图

  同陶瓷一样,采用直接测试法获得的性能对于 MLCC 而言十分重要。因此,使用 RC 电路测试 MLCC 在不同电场下的过阻尼脉冲放电电流曲线,如图 7.30(a,b)所示,MLCC 在 200 Ω 的电阻电路中,在 200 kV/cm 到 800 kV/cm 的不同电场下进行测试,随着电场从 200 kV/cm 增加到 800 kV/cm 过程中,MLCC 的放电流也随之增加。最终电流可以达到 3.6 A 左右,放电流密度可以达到 3.3 J/cm³,这个数据是计算的单层电容器的放电流密度,这与在相同电场下从 P-E 回路计算的 W_{rec} 其实相差较为明显,这可能是由于 MLCC 的介质层很薄和直接测试电场测试电压较低导致的这种差异,也可能与等效串联电阻中放电能量的损失和充放电的加载频率有关,这可以通过之后的实验进行改善。图 7.30(c,d)显示了 $x=0.12$ 时 MLCC 的欠阻尼电流-时间曲线的时间依赖性。随着电场的升高,所有峰值呈现上升趋势,C_D 和 P_D 随着电场的升高逐渐增加,

C_D 变化范围为 80～250 A/cm², P_D 变化范围为 5～100 MW/cm³。

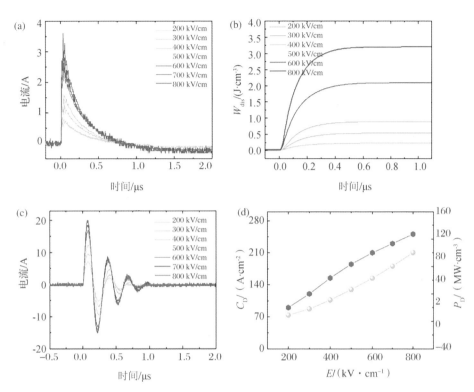

图 7.30　(a) MLCC 在不同电场下的过阻尼曲线；(b) 放电流密度图；
(c) 欠阻尼曲线；(d) 电流密度图和功率密度图

7.8　本章小结

(1) 通过改变烧结温度可以调控铁电陶瓷的相结构。随着烧结温度增加，铁电陶瓷的衍射峰向低角度移动，这表明钙钛矿晶格的膨胀。所有不同烧结温度的陶瓷样品均采用传统的固相烧结法合成；在 $T=1\,170$ ℃下烧结的样品的 W_{rec} 为 3.88 J/cm³，η 为 85%。此外，在 $T=1\,170$ ℃下烧结的样品还获得了良好的频率稳定性、良好的温度稳定性、高电流密度（684.7 A/cm²）、高功率密度（68.47 MW/cm³）和更快的放电速率（$t_{0.9}=72$ ns）。

(2)通过BMN的掺入量可以调控铁电陶瓷的相结构。随着BMN含量增加,铁电陶瓷的衍射峰向低角度移动,这表明钙钛矿晶格膨胀、陶瓷的晶粒尺寸逐渐减小、陶瓷的密度逐渐增加。在最佳掺杂量下,陶瓷获得了较好的储能性能,在500 kV/cm以上的电场下获得了6.5 J/cm³的可释放储能密度W_{rec}和85%的储能效率。

(3)通过对电容器的制备工艺和烧结工艺进一步研究,优化出最佳的烧结温度和烧结速率,最终获得了性能十分优良的两层MLCC,W_{rec}可以达到15.6 J/cm³,效率高达89.9%,同时具有很好的温度稳定性和抗疲劳性。

参考文献

[1] WANG H, ZHAO P, CHEN L, et al. Effects of dielectric thickness on energy storage properties of 0.87BaTiO$_3$-0.13Bi(Zn$_{2/3}$(Nb$_{0.85}$Ta$_{0.15}$)$_{1/3}$)O$_3$ multilayer ceramic capacitors[J]. Journal of the European Ceramic Society, 2020, 40(5):1902-1908.

[2] WANG Z, KANG R, LIU W, et al. (Bi$_{0.5}$Na$_{0.5}$)TiO$_3$-based relaxor ferroelectrics with medium permittivity featuring enhanced energy-storage density and excellent thermal stability[J]. Chemical Engineering Journal, 2022, 427:131985.

[3] VEERAPANDIYAN V, BENES F, GINDEL T, et al. Strategies to improve the energy storage properties of perovskite lead-free relaxor ferroelectrics: A review[J]. Materials (Basel), 2020, 13(24):5742.

[4] WANG H, LIU Y, YANG T, et al. Ultrahigh energy-storage density in antiferroelectric ceramics with field-induced multiphase transitions[J]. Advanced Functional Materials, 2019, 29(7):1807321.

[5] YE J, LIU Y, LU Y, et al. Enhanced energy-storage properties of SrTiO$_3$ doped (Bi$_{1/2}$Na$_{1/2}$)TiO$_3$-(Bi$_{1/2}$K$_{1/2}$)TiO$_3$ lead-free antiferroelectric ceramics[J]. Journal of Materials Science: Materials in Electronics, 2014, 25(10):4632-4637.

[6] LIN Y, LI D, ZHANG M, et al. (Na$_{0.5}$Bi$_{0.5}$)$_{0.7}$Sr$_{0.3}$TiO$_3$ modified by Bi

($Mg_{2/3}Nb_{1/3}$)O_3 ceramics with high energy-storage properties and an ultrafast discharge rate[J].Journal of Materials Chemistry C,2020,8(7):2258-2264.

[7] CAO W,LI T,CHEN P,et al. Outstanding energy storage performance of $Na_{0.5}Bi_{0.5}TiO_3$-$BaTiO_3$-($Sr_{0.85}Bi_{0.1}$)($Mg_{1/3}Nb_{2/3}$)O_3 lead-free ceramics[J]. ACS Applied Energy Materials,2021,4(9):9362-9367.

[8] AFZAL S A,HUSSAIN F,SIYAL S H,et al. Weight loss during calcination and sintering process of $Na_{0.5}Bi_{0.5}TiO_3$-$Bi_{1/2}$($Mg_{2/3}Nb_{1/3}$)O_3 composite lead-free piezoelectric ceramics[J].Coatings,2021,11(6):676.

[9] DAI Z,XIE J,CHEN Z,et al. Improved energy storage density and efficiency of $(1-x)Ba_{0.85}Ca_{0.15}Zr_{0.1}Ti_{0.9}O_3$-$xBiMg_{2/3}Nb_{1/3}O_3$ lead-free ceramics [J].Chemical Engineering Journal,2021,410:128341.

[10] DONG G,FAN H,JIA Y. Effect of the element ratio in the doping component on the properties of $0.975(0.8Bi_{1/2}Na_{1/2}TiO_3$-$0.2Bi_{1/2}K_{1/2}TiO_3$)-$0.025Bi_{x/3}Mg_{y/3}Nb_{z/3}O_3$ ceramics[J].Journal of Materials Research,2021,36(5):1114-1124.

[11] DUTTA A,SINHA T P. Impedance spectroscopy study of $BaMg_{1/3}Nb_{2/3}O_3$: Frequency and time domain analyses[J]. Physica B: Condensed Matter,2010,405(6):1475-1479.

[12] CHEN L,WANG H,ZHAO P,et al. High permittivity and excellent high-temperature energy storage properties of X9R $BaTiO_3$-($Bi_{0.5}Na_{0.5}$)TiO_3 ceramics[J]. Journal of the American Ceramic Society, 2019, 103(2): 1113-1120.

[13] ZANNEN M,KHEMAKHEM H,KABADOU A,et al. Structural, Raman and electrical studies of 2at.‰ Dy-doped NBT[J].Journal of Alloys and Compounds,2013,555:56-61.

[14] IHLEFELD J F,HARRIS D T,KEECH R,et al. Scaling effects in perovskite ferroelectrics:fundamental limits and process-structure-property relations[J].Journal of the American Ceramic Society,2016,99(8):2537-2557.

[15] VIOLA G,BOON C K,ERIKSSON M,et al. Effect of grain size on domain structures,dielectric and thermal depoling of Nd-substituted bismuth titanate ceramics[J].Applied Physics Letters,2013,103(18):2903.

[16] ZHENG P, ZHANG J, TAN Y, et al. Grain-size effects on dielectric and piezoelectric properties of poled $BaTiO_3$ ceramics[J]. Acta Materialia, 2012, 60(13-14): 5022-5030.

[17] ZHANG L, PU Y, CHEN M. Ultra-high energy storage performance under low electric fields in $Na_{0.5}Bi_{0.5}TiO_3$-based relaxor ferroelectrics for pulse capacitor applications[J]. Ceramics International, 2020, 46(1): 98-105.

[18] QI H, XIE A, TIAN A, et al. Superior energy-storage capacitors with simultaneously giant energy density and efficiency using nanodomain engineered $BiFeO_3$-$BaTiO_3$-$NaNbO_3$ lead-free bulk ferroelectrics[J]. Advanced Energy Materials, 2019, 10(6): 1903338.

[19] QI H, ZUO R. Linear-like lead-free relaxor antiferroelectric ($Bi_{0.5}Na_{0.5}$)TiO_3-$NaNbO_3$ with giant energy-storage density/efficiency and super stability against temperature and frequency[J]. Journal of Materials Chemistry A, 2019, 7(8): 3971-3978.

[20] ZHENG D, ZUO R. Enhanced energy storage properties in $La(Mg_{1/2}Ti_{1/2})O_3$-modified $BiFeO_3$-$BaTiO_3$ lead-free relaxor ferroelectric ceramics within a wide temperature range[J]. Journal of the European Ceramic Society, 2017, 37(1): 413-418.

[21] PAN Z, HU D, ZHANG Y, et al. Achieving high discharge energy density and efficiency with NBT-based ceramics for application in capacitors[J]. Journal of Materials Chemistry C, 2019, 7(14): 4072-4078.

[22] ZHANG L, WANG Z, LI Y, et al. Enhanced energy storage performance in Sn doped $Sr_{0.6}(Na_{0.5}Bi_{0.5})_{0.4}TiO_3$ lead-free relaxor ferroelectric ceramics[J]. Journal of the European Ceramic Society, 2019, 39(10): 3057-3063.

[23] YAN F, BAI H, SHI Y, et al. Sandwich structured lead-free ceramics based on $Bi_{0.5}Na_{0.5}TiO_3$ for high energy storage[J]. Chemical Engineering Journal, 2021, 425: 130669.

[24] YAN F, HE X, BAI H, et al. Excellent energy storage properties and superior stability achieved in lead-free ceramics via a spatial sandwich structure design strategy[J]. Journal of Materials Chemistry A, 2021, 9(28): 15827-15835.

[25] SHENG J, QIAO Y, ZHANG W, et al. Enhanced piezoelectric properties and depolarization temperature in NBT-based ceramics by doping BT nanowires[J]. Journal of Alloys and Compounds, 2020, 819: 153045.

[26] YANG H, LU Z, LI L, et al. Novel $BaTiO_3$-based, Ag/Pd-compatible lead-free relaxors with superior energy storage performance[J]. Acs Applied Materials & Interfaces, 2020, 12(39): 43942-43949.

[27] WANG T, LIU J, KONG L, et al. Evolution of the structure, dielectric and ferroelectric properties of $Na_{0.5}Bi_{0.5}TiO_3$-added $BaTiO_3$-$Bi(Mg_{2/3}Nb_{1/3})O_3$ ceramics[J]. Ceramics International, 2020, 46(16): 25392-25398.

[28] YE J, WANG G, ZHOU M, et al. Excellent comprehensive energy storage properties of novel lead-free $NaNbO_3$-based ceramics for dielectric capacitor applications[J]. Journal of Materials Chemistry C, 2019, 7(19): 5639-5645.

[29] QIU Y, LIN Y, LIU X, et al. $Bi(Mg_{2/3}Nb_{1/3})O_3$ addition inducing high recoverable energy storage density in lead-free $0.65BaTiO_3$-$0.35Bi_{0.5}Na_{0.5}TiO_3$ bulk ceramics[J]. Journal of Alloys and Compounds, 2019, 797: 348-355.

[30] SUN C, CHEN X, SHI J, et al. Simultaneously with large energy density and high efficiency achieved in $NaNbO_3$-based relaxor ferroelectric ceramics[J]. Journal of the European Ceramic Society, 2021, 41(3): 1891-1903.

[31] CHAI Q, YANG D, ZHAO X, et al. Lead-free (K, Na)NbO_3-based ceramics with high optical transparency and large energy storage ability[J]. Journal of the American Ceramic Society, 2018, 101(6): 2321-2329.

[32] YAN F, HUANG K, JIANG T, et al. Significantly enhanced energy storage density and efficiency of BNT-based perovskite ceramics via A-site defect engineering[J]. Energy Storage Materials, 2020, 30: 392-400.

[33] LU Z, WANG G, BAO W, et al. Superior energy density through tailored dopant strategies in multilayer ceramic capacitors[J]. Energy & Environmental Science, 2020, 13(9): 2938-2948.

[34] SRIVASTAVA A, GARG A, MORRISON F D. Impedance spectroscopy studies on polycrystalline $BiFeO_3$ thin films on Pt/Si substrates [J]. Journal of Applied Physics, 2009, 105(5): 054103.

[35] LI W, ZHOU D, XU R, et al. BaTiO$_3$-based multilayers with outstanding energy storage performance for high temperature capacitor applications[J]. ACS Applied Energy Materials, 2019, 2(8): 5499-5506.

[36] 邓丽云, 薛赵茹. 小尺寸高容量 MLCC 寿命性能改善[J]. 电子工艺技术, 2019, 40(03): 175-178.

第8章 NBT-SST-LMN 陶瓷及电容器储能特性

在第 5 章中,详细介绍了 Sm^{3+} 掺杂对 $Na_{0.5}Bi_{0.5}TiO_3$-$SrTiO_3$ 结构和储能性能的协同影响。结果表明,Sm^{3+} 掺杂减小了陶瓷内部的晶粒尺寸、调控了畴结构,使陶瓷的 BDS 和弛豫特性得到增强。最终 NBT-SST 组分陶瓷在 266 kV/cm 的 BDS 下获得了 3.81 J/cm^3 的可释放储能密度和 84.7% 的储能效率。然而该组分的可释放储能密度并不理想,主要由于其较低的 BDS 影响了陶瓷极化差值的提升,进而影响陶瓷可释放储能密度的提高,导致其难以满足储能领域的市场需求。Lin 等通过将 $Bi(Mg_{2/3}Nb_{1/3})O_3$ 引入 $(Bi_{0.5}Na_{0.5})_{0.7}Sr_{0.3}TiO_3$ 中,获得 3.45 J/cm^3 的储能密度和 88.01% 的储能效率[1]。但是其 250 kV/cm 的 BDS 严重影响了陶瓷可释放储能密度的提高。同时,Zheng 等在 $BiFeO_3$-$BaTiO_3$ 基弛豫铁电陶瓷组分中引入第三组元 $La(Mg_{1/2}Ti_{1/2})O_3$,在 25~180 ℃ 的温度范围内,130 kV/cm 的电场强度下获得 1.66 J/cm^3 的储能密度和 82% 的储能效率[2]。Yang 等通过在 $BaTiO_3$ 陶瓷中引入 $Bi_{2/3}(Mg_{1/3}Nb_{2/3})O_3$,在 520 kV/cm 的击穿场强下获得 4.55 J/cm^3 的储能密度[3]。从以上组分可以看出,BDS 是阻碍陶瓷储能密度提高的重要因素之一。

基于以上分析,本章以 $Na_{0.5}Bi_{0.5}TiO_3$-$Sr_{0.7}Sm_{0.2}TiO_3$(NBT-SST)为基础组分,通过引入不同含量的 $La(Mg_{2/3}Nb_{1/3})O_3$(LMN),探究 LMN 浓度对 NBT-SST 陶瓷的组分的结构、介电以及储能行为的影响。图 8.1 为 LMN 对 NBT-SST 陶瓷的影响示意图。

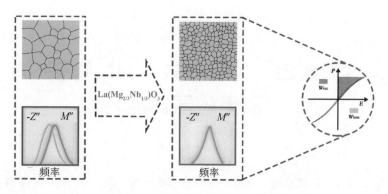

图 8.1　$(1-x)$(NBT-SST)-xLMN 的设计思路图

8.1　$(1-x)$(NBT-SST)-xLMN 陶瓷的微观结构

图 8.2 为 $(1-x)$(NBT-SST)-xLMN 弛豫铁电陶瓷的 XRD 图谱。从图 8.2(a)中可以看出，所有组分陶瓷的主晶相为钙钛矿结构，没有观察到杂质相，说明第三组元 LMN 完全固溶进入主晶格中。图 8.2(b)为其(100)放大衍射峰。随着第三组元 LMN 掺杂，$(1-x)$(NBT-SST)-xLMN 弛豫铁电陶瓷的 XRD 的 38°～42°附近的劈裂峰移向低角度。根据半径匹配规则和晶体化学原理，离子半径较大的复合 $(Mg_{2/3}Nb_{1/3})^{3+}$（0.069 3 nm）取代了离子半径较小的 Ti^{4+}（0.060 5 nm），使陶瓷晶胞体积膨胀，晶格参数变大[4]。

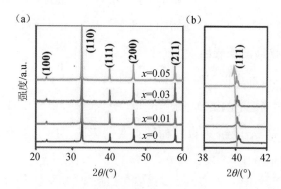

图 8.2　$(1-x)$(NBT-SST)-xLMN 铁电陶瓷的 XRD 图谱及衍射峰放大图

图 8.3(a)~(d)为(1−x)(NBT-SST)-xLMN 弛豫铁电陶瓷的 SEM 图谱和粒径分布图。由图可以看出,所有陶瓷展现出细小的晶粒和致密的微观结构,这样的微观形貌有利于获得高的 BDS。为了进一步更好地分析(1−x)(NBT-SST)-xLMN 储能陶瓷的晶粒尺寸的变化趋势,用高斯函数拟合得到(1−x)(NBT-SST)-xLMN 的晶粒分布图,可以明显地观察到晶粒大小的变化情况。

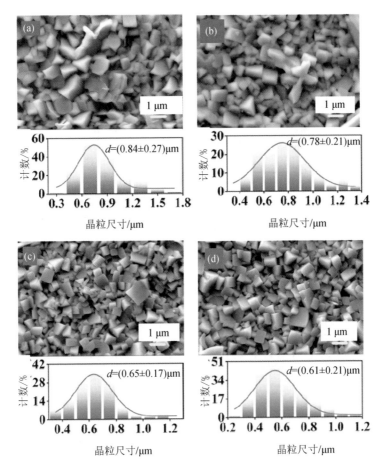

图 8.3　(1−x)(NBT-SST)-xLMN 弛豫铁电陶瓷的 SEM 图谱和粒径分布图

图 8.4 为(1−x)(NBT-SST)-xLMN 弛豫铁电陶瓷的平均晶粒尺寸和致密度随 LMN 含量的变化函数。由图可以看出,随着 LMN 含量增加,平均晶粒尺寸由 $x=0$ 的 0.84 μm 减小到 $x=0.05$ 的 0.61 μm。这是因为在烧结过程中,La^{3+} 和 $(Mg_{1/3}Nb_{2/3})^{3+}$ 进入主体晶格间隙中,由于不同的生长行为,晶粒生长受

到相互作用的抑制,晶界迁移变慢,晶粒尺寸减小[5]。因此,LMN 掺杂抑制了晶粒长大。同时,陶瓷通过流延法制备,使得介电陶瓷拥有较少的孔隙和较小的粒径。$(1-x)$(NBT-SST)-xLMN 弛豫铁电陶瓷的密度也由 $x=0$ 的 5.428 g/cm³ 增加到 $x=0.05$ 的 5.644 g/cm³。密实的微观结构和细小的晶粒尺寸,共同促进了 $(1-x)$(NBT-SST)-xLMN 弛豫铁电陶瓷 BDS 的提高。

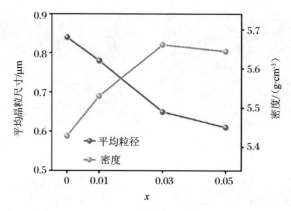

图 8.4　$(1-x)$(NBT-SST)-xLMN 的晶粒尺寸和密度随 LMN 含量的变化

8.2　$(1-x)$(NBT-SST)-xLMN 陶瓷的电学性能

图 8.5(a—d)为 $(1-x)$(NBT-SST)-xLMN 在室温到 200 ℃ 的温度范围,且在 1 kHz、10 kHz 和 100 kHz 频率下的介电温谱。由图可以看出,最大介电常数由 $x=0$ 的 1126 降低到 $x=0.05$ 的 655,同时,最大介电常数对应的温度移向低温区域。这是由于随着 LMN 含量增加,陶瓷组分的 A/B 位产生离子取代,产生的位点紊乱与离子电荷波动诱导了随机场[6]。而随机场能增强铁电体的弛豫行为,导致介电陶瓷的介电峰逐渐变宽,以及转变温度的降低[7]。另外,介电损耗(tanδ)在 25～200 ℃ 温度范围内低于 0.01。陶瓷的 tanδ 越小,说明陶瓷内部的缺陷越少。较低的介电损耗能减少击穿测试时产生的热量,从而提高 BDS 和 η,这有助于陶瓷储能密度的提高。

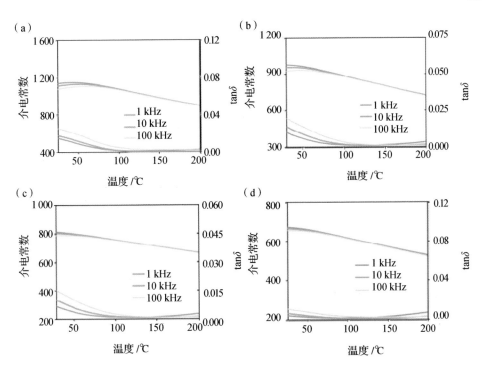

图 8.5 $(1-x)(NBT\text{-}SST)\text{-}x LMN$ 铁电陶瓷的介电温谱图

图 8.6(a)～(d)为 $(1-x)(NBT\text{-}SST)\text{-}x LMN$ 的弛豫性表征。该实验采用修正的居里-外斯定律来分析 $(1-x)(NBT\text{-}SST)\text{-}x LMN$ 的介电弥散特性。通常用 $\gamma=1$ 和 $\gamma=2$ 来分别表示常规铁电体和理想弛豫铁电体的扩散相转变[8]。γ 越接近 2,陶瓷的扩散相转变就越明显。可以看出,随着 LMN 含量增加,γ 从 1.76 增加到 1.88。这就证明 LMN 的掺杂能增强陶瓷的介电弛豫行为。而 $(1-x)(NBT\text{-}SST)\text{-}x LMN$ 陶瓷增强的弛豫行为与增加的随机电场有关,增加的随机电场是由多个阳离子在 A/B 位点共存时,取代元素的价态和离子半径的差异引起的[9]。$(1-x)(NBT\text{-}SST)\text{-}x LMN$ 陶瓷增强的弛豫行为对储能的提高也是有利的。

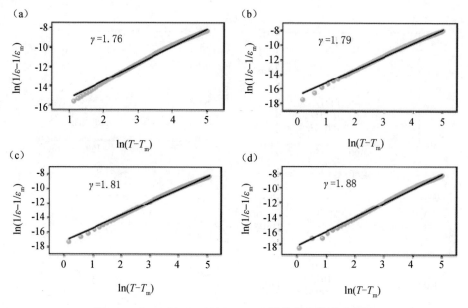

图 8.6 $(1-x)$(NBT-SST)-xLMN 铁电陶瓷的弛豫特性

一般情况下,介电陶瓷的 BDS 与晶粒尺寸、气孔、缺陷、化学成分以及第二相等因素有关[10]。在这些因素中,晶粒尺寸在介电陶瓷的 BDS 方面扮演了重要角色。图 8.7(a)为$(1-x)$(NBT-SST)-xLMN 的 Weibull 分布图。介电陶瓷的 BDS 是通过线性拟合得到的。所有数据与 Weibull 分布吻合良好,并且斜率 β 均大于 11.4,表明所有数据的分散性较小,可靠性高。图 8.7(b)为不同 LMN 含量所对应陶瓷的平均 BDS。其中平均 BDS 是通过拟合直线与 x 轴的交点获得。BDS 由 $x=0$ 的 270 kV/cm 增加到 $x=0.05$ 的 395 kV/cm。BDS 的增加促进了介电陶瓷储能密度的提升。除了晶粒尺寸,对于$(1-x)$(NBT-SST)-xLMN 陶瓷 BDS 的其他影响因素也需要进一步研究。如图 8.7(c)为$(1-x)$(NBT-SST)-xLMN 陶瓷的交流阻抗谱图,它表示陶瓷材料在较宽的频率范围内的交流响应。交流阻抗谱图的半圆与横坐标低频处的交点表示陶瓷电阻的大小。可以发现,随着 LMN 含量的增加,半圆截距离原点的 x 轴距离增大。由于陶瓷在晶粒和晶界之间的电学响应存在差异,通过阻抗谱拟合出了等效电路。如图 8.7(d)所示,由阻抗谱的分析结果表明,在 NBT-SST 组分中引入第三组元 LMN,可以提高陶瓷的绝缘性能,而增强的电阻率对提高陶瓷的 BDS 也是有利的。

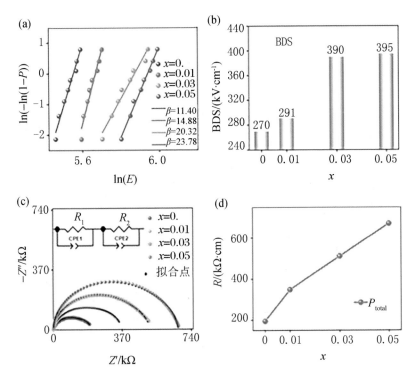

图 8.7 (a)(1−x)(NBT-SST)-xLMN 的 Weibull 分布图;(b)不同的 LMN 含量所对应陶瓷的平均 BDS;(c)(1−x)(NBT-SST)-xLMN 陶瓷的交流阻抗谱图;(d)不同的 LMN 含量所对应陶瓷的电阻值

为了进一步探讨介电陶瓷电阻率对 BDS 影响的内部机制,陶瓷的电学均一性也成为重要研究内容之一。图 8.8(a)~(d)表示(1−x)(NBT-SST)-xLMN 陶瓷在 500 ℃下的阻抗虚部峰 Z'' 和电模量虚部峰 M'' 谱图。可以发现,在没有引入 LMN 第三组元时,Z'' 和 M'' 的虚部峰位置有较低的纵向重合度,表明其陶瓷内部的晶界与晶粒部分电学性能差异较大,Z'' 和 M'' 对应的频率不同,表现出陶瓷内部电学结构的异质性。而随着 LMN 含量增加,和 M'' 的虚部峰位置重合性较好,表明其陶瓷内部的晶界与晶粒部分的电学性能相近。Z'' 和 M'' 对应的频率相近,指明其陶瓷内部结构表现出电学均一性的特征。电学均一性增强了介电陶瓷的电阻率,可以防止导电通路的形成,从而避免陶瓷在高电场下的迅速击穿[11]。

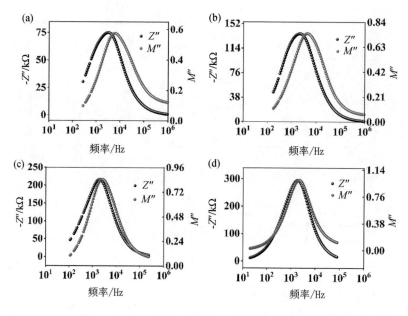

图 8.8　$(1-x)$(NBT-SST)-xLMN 陶瓷在 600 ℃ 下的阻抗虚部峰 Z'' 和电模量虚部峰 M'' 谱图

8.3　$(1-x)$(NBT-SST)-xLMN 陶瓷的储能性能

图 8.9(a)为$(1-x)$(NBT-SST)-xLMN 弛豫铁电陶瓷在相同电场强度下的 P-E 电滞回线,测试电场为 250 kV/cm。由图可以看出,随着 LMN 含量增加,所有样本都表现出细瘦的 P-E 电滞回线。特别是 LMN 掺杂量为 0.05 的组分,其 P-E 电滞回线呈现几乎线性,这是顺电相的特征[12]。同时,图 8.9(b)为 $(1-x)$(NBT-SST)-xLMN 弛豫铁电陶瓷在相同电场强度下的 P_{max},P_r 和 ΔP 的变化值。随着 LMN 含量增加,铁电相向弛豫铁电相转变。其中 P_{max} 由 $x=0$ 的 33.28 $\mu C/cm^2$ 减少到 $x=0.05$ 的 21.76 $\mu C/cm^2$;P_r 由 $x=0$ 的 1.43 $\mu C/cm^2$ 降低到 $x=0.05$ 的 0.86 $\mu C/cm^2$;而 ΔP 也由 31.84 $\mu C/cm^2$($x=0$)降低到 20.9 $\mu C/cm^2$($x=0.05$)。图 8.9(c)表示$(1-x)$(NBT-SST)-xLMN 弛豫铁电陶瓷在相同电场强度下的 W_{rec} 和 η 性能对比。由图可以看出,随着 LMN 含量增加,W_{rec} 由 3.8 J/cm^3($x=0$)减少为 2.67 J/cm^3($x=0.05$),这与 P_{max} 的减少有很大

关系。而 η 从 84.7% 提升到 91.3%。较高的储能效率对陶瓷的可释放储能密度的提高是有利的。

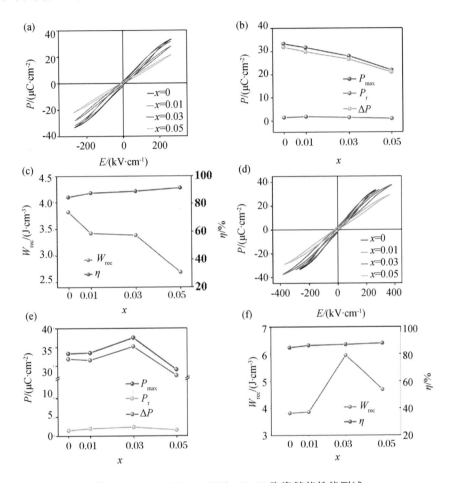

图 8.9 $(1-x)(NBT-SST)-xLMN$ 陶瓷储能性能测试

(a)$(1-x)(NBT-SST)-xLMN$ 弛豫铁电陶瓷同一电场下的 P-E 电滞回线；
(b)与其对应的极化变化值；(c)与其对应的 W_{rec} 和 η；
(d)$(1-x)(NBT-SST)-xLMN$ 弛豫铁电陶瓷不同电场下的 P-E 电滞回线；
(e)与其对应的极化变化值；(f)与其对应的 W_{rec} 与 η

图 8.9(d)为 $(1-x)(NBT-SST)-xLMN$ 弛豫铁电陶瓷在不同电场下最佳储能的 P-E 电滞回线。当不掺杂 LMN 时，BDS 较低，P_{max} 过早饱和，不利于陶瓷的 W_{rec} 提高。随着 LMN 含量增加，陶瓷的极化强度随电场增加而增加缓慢，

导致其极化强度在电场作用下被延迟饱和。这种结果有利于 W_{rec} 的提高。与其他组分相比,LMN 掺杂量为 0.03 的组分拥有较高的 P_{max} 和 BDS。高的 P_{max} 和 BDS 共同促进了陶瓷的 W_{rec} 的提升。同时,图 8.9(e)为 $(1-x)$(NBT-SST)-xLMN 弛豫铁电陶瓷的 P_{max}、P_r 以及 ΔP 的变化值。随着 LMN 含量增加,P_{max} 由 33.27 $\mu C/cm^2$($x=0$)变化为 28.97 $\mu C/cm^2$($x=0.05$),在 LMN 掺杂量为 0.03 时,P_{max} 达到最大为 37.43 $\mu C/cm^2$。P_r 由 1.43 $\mu C/cm^2$($x=0$)变化为 1.51 $\mu C/cm^2$($x=0.05$)。同时,ΔP 也由 31.83 $\mu C/cm^2$ 变化为 27.45 $\mu C/cm^2$。LMN 掺杂量为 0.03 的组分具有 35.11 $\mu C/cm^2$ 的高 ΔP。这是陶瓷实现高的 W_{rec} 的关键因素之一。图 8.9(f)为 $(1-x)$(NBT-SST)-xLMN 弛豫铁电陶瓷在不同 LMN 含量下的最佳储能性能。随着 LMN 含量增加,$(1-x)$(NBT-SST)-xLMN 组分陶瓷的 W_{rec} 值由 3.81 J/cm^3($x=0$)变化为 4.69 J/cm^3($x=0.05$),而 η 也由 84.74% 变化到 87.91%。其中,LMN 掺杂量为 0.03 的陶瓷组分获得的 W_{rec} 为 5.94 J/cm^3,储能效率为 86.9%。这就表明,LMN 引入 NBT-SST,可以有效提升储能陶瓷的 ΔP 和 BDS,从而增加其 W_{rec}。

从应用角度来看,温度稳定性和频率稳定性是评估脉冲功率电容器在变化环境下的储能性能的重要指标。图 8.10(a)为 LMN 掺杂量为 0.03 的陶瓷组分在电场强度为 200 kV/cm,20~100 ℃ 温度范围内的 P-E 电滞回线。该陶瓷组分在不同温度下的 P-E 电滞回线总体保持低的滞后和细的形状。图 8.10(b)为 LMN 掺杂量为 0.03 的陶瓷组分在 20~100 ℃ 温度范围内,P_{max}、P_r 以及 ΔP 的数值变化图。可以看出,P_{max} 有轻微的减小,同时 P_r 均低于 0.6 $\mu C/cm^2$,ΔP 在 14.5~16.6 $\mu C/cm^2$ 范围内波动。图 8.10(c)为其对应的 W_{rec} 和 η 的变化。值得注意的是,W_{rec} 的变化波动范围在 11% 之内,η 保持 89% 的高水平。另外,图 8.10(d)表示 LMN 掺杂量为 0.03 的陶瓷组分在相同电场强度下,1~100 Hz 频率范围内的 P-E 电滞回线。所有测试频率的 P-E 电滞回线都呈现细瘦的形状,这对提高陶瓷的储能性能是有利的。图 8.10(e)表示 LMN 掺杂量为 0.03 的陶瓷组分在 1~100 Hz 频率范围内,P_{max}、P_r 以及 ΔP 的数值变化图。可以看出,当频率从 1 Hz 变为 100 Hz 时,P_{max} 值从 17.26 $\mu C/cm^2$ 变为 16.71 $\mu C/cm^2$,对应的 P_r 值由 0.51 $\mu C/cm^2$ 变为 0.72 $\mu C/cm^2$,以及 ΔP 值在 16.75~15.98 $\mu C/cm^2$ 范围内波动。由图可知,频率的变化对 P-E 电滞回线中的 P_{max}、P_r 以及 ΔP 没有明显的影响。图 8.10(f)为与其对应的 W_{rec} 和 η 的变化。其 W_{rec} 的变化在

1~100 Hz 范围内低于 9.5%。同时,η 变化在 86.4%~91.4% 范围内。说明 LMN 掺杂量为 0.03 的陶瓷组分具有良好的频率稳定性。以上这些结果均表明,LMN 掺杂量为 0.03 的陶瓷组分拥有优异的温度和频率稳定性。

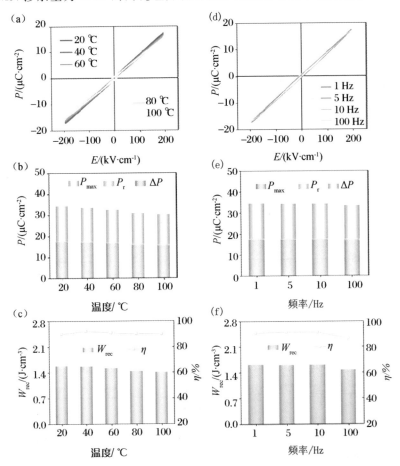

图 8.10 0.97(0.5NBT-0.5SST)-0.03LMN 陶瓷储能性能测试

(a)0.97(0.5NBT-0.5SST)-0.03LMN 弛豫铁电陶瓷在不同温度下的 P-E 电滞回线;(b)该组分陶瓷在不同温度下的 P_{max}、P_r 及 ΔP 变化图;(c)该组分陶瓷在不同温度下的 W_{rec} 与 η 变化图;(d)0.97(0.5NBT-0.5SST)-0.03LMN 组分陶瓷在不同频率下的 P-E 电滞回线;(e)该组分陶瓷在不同频率下的 P_{max}、P_r 和 ΔP 变化图;(f)该组分陶瓷在不同频率下的 W_{rec} 与 η 变化图

电介质电容器被要求充放电速度快、功率密度高[13]。因此,图 8.11(a)为 LMN 掺杂量为 0.03 的陶瓷组分在不同电场强度下的过阻尼放电电流曲线。可以看出,电场强度由 50 kV/cm 增加到 380 kV/cm 时,电流峰从 0.3 A 递增到 15.4 A。在不同电场下,W_{dis} 与时间的关系如图 8.11(b)所示。当电场强度增加到 380 kV/cm 时,W_{dis} 可达到 3.9 J/cm³。W_{dis} 略低于由 P-E 电滞回线计算得到的 W_{rec}。测试机制的不同是导致 W_{dis} 值低于 W_{rec} 的根本原因。而且,参数放电时间 $t_{0.9}$ 用于表征放电速度。快速放电时间是实现脉冲功率应用的非常理想的特性。该陶瓷组分拥有超快的放电速度 65 ns。图 8.11(c)为 LMN 掺杂量为 0.03 的陶瓷组分在不同电场强度下的欠阻尼放电性能。可以看出,欠阻尼放电电流峰随电场强度增强而增加。图 8.11(d)为 LMN 掺杂量为 0.03 的陶瓷组分在不同电场强度下的电流密度和功率密度。可以看出,C_D 和 P_D 随电场增加而增加,这种上升的趋势表明放电行为是稳定的,并且在 380 kV/cm 的电场强度下分别达到 1 452 A/cm² 和 275 MW/cm³。

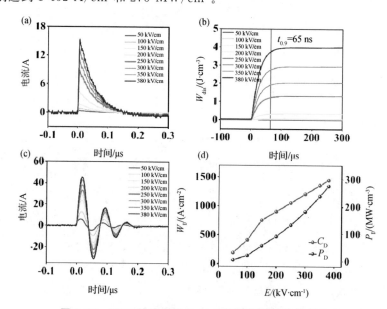

图 8.11　LMN 掺杂量为 0.03 的陶瓷的放电曲线特性

(a)LMN 掺杂量为 0.03 的弛豫铁电陶瓷的过阻尼放电电流曲线;

(b)LMN 掺杂量为 0.03 的弛豫铁电陶瓷的不同电场下放电能量密度曲线;

(c)LMN 掺杂量为 0.03 的弛豫铁电陶瓷的欠阻尼放电电流曲线;

(d)LMN 掺杂量为 0.03 的弛豫铁电陶瓷的电流密度和功率密度

前面讨论了LMN掺杂量为0.03的陶瓷组分在电场作用下的充放电性能和功率密度,现在有必要解释不同温度的影响。图8.12(a)为LMN掺杂量为0.03的陶瓷组分在200 kV/cm,20～200 ℃范围内的过阻尼电流曲线。随着温度增加,过阻尼电流峰基本稳定在4.4 A。在图8.12(b)中,放电电流密度W_{dis}也有几乎相同的放电趋势。同时,图8.12(c)表示LMN掺杂量为0.03的陶瓷组分在200 kV/cm,20～200 ℃范围内的欠阻尼电流曲线。可以看出,放电电流周期稳定。图8.12(d)展示了C_D和P_D随温度的变化趋势。C_D和P_D随温度呈线性增长趋势。两者分别可达到907 A/cm^{2}和90 MW/cm^3。以上的结果均表明,LMN掺杂量为0.03的陶瓷组分的充放电和功率密度拥有良好的温度稳定性,从侧面也说明其在脉冲功率系统中拥有高温应用潜力[14]。

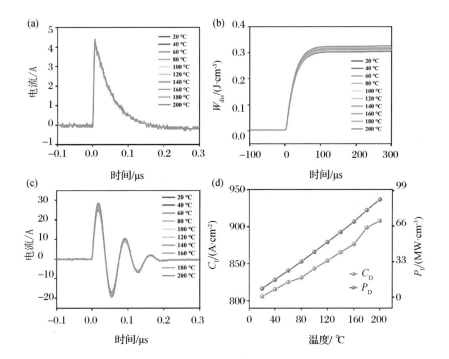

图8.12 LMN掺杂量为0.03的陶瓷在不同温度下充放电性能测试

(a)LMN掺杂量为0.03的弛豫铁电陶瓷不同温度下的过阻尼放电电流曲线;

(b)LMN掺杂量为0.03的弛豫铁电陶瓷不同温度下放电能量密度曲线;

(c)LMN掺杂量为0.03的弛豫铁电陶瓷不同温度下的欠阻尼放电电流曲线;

(d)LMN掺杂量为0.03的弛豫铁电陶瓷不同温度下的电流密度和功率密度

8.4 0.97(0.5NBT-0.5SST)-0.03LMN 双层陶瓷电容器

为了进一步提高 NBT-SST-LMN 陶瓷的储能性能,通过电容器制备工艺制备了双层陶瓷电容器。图 8.13(a)为 0.97(NBT-SST)-0.03LMN 双层陶瓷电容器的实物图。陶瓷电容器内部单层介质层正对面积为 0.04 cm²。图 8.13(b)为 0.97(NBT-SST)-0.03LMN 陶瓷电容器的断面形貌图。从图中可以看出,每层介质层结构均匀致密,介质层与电极层没有明显的分离现象,每层介质层厚度为 25 μm,Pt 电极层厚度为 6 μm。

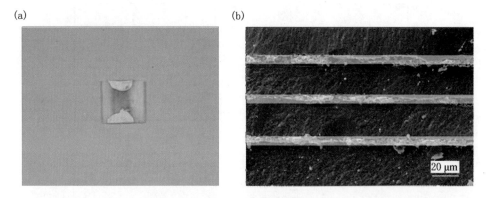

图 8.13 0.97(0.5NBT-0.5SST)-0.03LMN 双层陶瓷电容器的实物图及断面 SEM

图 8.14 为 NBT-SST-LMN 双层陶瓷电容器在不同烧结温度下的储能性能表征。其中,图 8.14(a)为不同烧结温度、双极性测试条件下,0.97(0.5NBT-0.5SST)-0.03LMN 双层陶瓷电容器的 P-E 电滞回线,测试频率为 100 Hz。从图中可以看出,随着烧结温度从 1 090 ℃增加到 1 150 ℃,同时,其 P-E 电滞回线的饱和极化强度呈现先增加后减小的趋势,从 28 μC/cm² 增加到 32 μC/cm²,而后减小到 30 μC/cm²。剩余极化强度仅有较小的变化。电场强度从 690 kV/cm 变化为 740 kV/cm。在烧结温度为 1 100 ℃时,0.97(0.5NBT-0.5SST)-0.03LMN 双层陶瓷电容器有最高的电场强度 780 kV/cm。0.97(0.5NBT-0.5SST)-0.03LMN 双层陶瓷电容器的高电场强度利于获得高的储能密度。图

8.14(b)为不同烧结温度下,0.97(0.5NBT-0.5SST)-0.03LMN 双层陶瓷电容器的 P-E 电滞回线计算得出的可释放储能密度 W_{rec} 和储能效率 η。由图可知,随着烧结温度从 1 090 ℃ 增加到 1 150 ℃,W_{rec} 由 6.6 J/cm³ 变化为 8.2 J/cm³。η 也由 76.2% 变化为 75.4%。当烧结温度为 1 100 ℃ 时,0.97(0.5NBT-0.5SST)-0.03LMN 双层陶瓷电容器有最高的储能密度 10.1 J/cm³。此外,储能效率也达到最高的 81.4%。

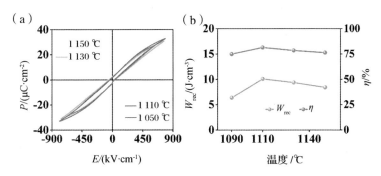

图 8.14　0.97(0.5NBT-0.5SST)-0.03LMN 双层陶瓷电容器在不同烧结温度下的 P-E 电滞回线(a)及可释放储能密度和储能效率(b)

图 8.15 为 NBT-SST-LMN 双层陶瓷电容器的储能性能表征。其中,图 8.15(a)为 0.97(0.5NBT-0.5SST)-0.03LMN 双层陶瓷电容器在双极性测试条件下,室温范围内不同电场强度下的 P-E 电滞回线,测试频率为100 Hz。从图中可以看出,随着电场强度从 100 kV/cm 增加到 800 kV/cm,同时,其饱和极化强度达到 32 μC/cm²,剩余极化强度仅为 2.06 μC/cm²,0.97(0.5NBT-0.5SST)-0.03LMN 双层陶瓷电容器 P-E 电滞回线保持纤细形状,利于获得高的储能效率。图 8.15(b)为 0.97(0.5NBT-0.5SST)-0.03LMN 陶瓷电容器在不同电场强度下的可释放储能密度 W_{rec} 和储能效率 η。由图可知,随着电场强度从 100 kV/cm 增加到 800 kV/cm,W_{rec} 由 0.25 J/cm³ 增加到 10.1 J/cm³,η 也由 99.5% 变化到 81.4%。高可释放储能密度和储能效率的 0.97(0.5NBT-0.5SST)-0.03LMN 双层陶瓷电容器,有希望在脉冲功率电子应用领域中发挥重要作用。

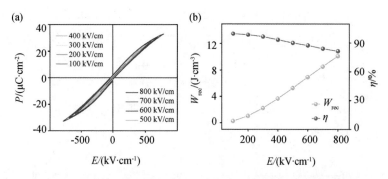

图 8.15　0.97(0.5NBT-0.5SST)-0.03LMN 双层陶瓷电容器在不同电场下的 P-E 电滞回线及可释放储能密度和储能效率

8.5　本章小结

本章实验通过流延法制备$(1-x)(Na_{0.5}Bi_{0.5}TiO_3$-$Sr_{0.7}Sm_{0.2}TiO_3)$-$xLa(Mg_{2/3}Nb_{1/3})O_3$[简称为$(1-x)$(NBT-SST)-$x$LMN]弛豫铁电陶瓷。基于组分设计和晶粒尺寸工程,系统研究了 LMN 对陶瓷的结构、介电以及储能行为的影响。同时,通过电容器制备工艺制备了 0.97(0.5NBT-0.5SST)-0.03LMN 双层陶瓷电容器。结果表明:

(1)LMN 作为第三组元引入 NBT-SST 中,起到细化陶瓷晶粒,调控其电学异质性的作用。陶瓷的介电击穿强度获得增强,从而使得其可释放储能密度和效率获得提高。

(2)0.97(0.5NBT-0.5SST)-0.03LMN 陶瓷,在 390 kV/cm 的电场强度下获得 5.94 J/cm³ 的 W_{rec} 和 86.9% 的 η。同时,LMN 掺杂量为 0.03 的陶瓷还拥有 1 452 A/cm² 的 C_D 和 90 MW/cm³ 的 P_D,以及 3.9 J/cm³ 的放电能量密度和 65 ns 的放电速度。

(3)以优化的 0.97(0.5NBT-0.5SST)-0.03LMN 陶瓷为电介质层,利用电容器制备工艺制备了 0.97(0.5NBT-0.5SST)-0.03LMN 双层陶瓷电容器,并且对电容器的烧结温度进行探索,在烧结温度为 1 110 ℃ 下获得的电容器具有 10.1 J/cm³ 的 W_{rec} 和 81.4% 的 η。

以上这些结果表明，0.97(0.5NBT-0.5SST)-0.03LMN 组分陶瓷具有制备高储能密度电容器的潜能。

参考文献

[1] LIN Y, LI D, ZHANG M, et al. $(Na_{0.5}Bi_{0.5})_{0.7}Sr_{0.3}TiO_3$ modified by $Bi(Mg_{2/3}Nb_{1/3})O_3$ ceramics with high energy-storage properties and an ultrafast discharge rate[J]. Journal of Materials Chemistry C, 2020, 8(7): 2258-2264.

[2] ZHENG D, ZUO R. Enhanced energy storage properties in $La(Mg_{1/2}Ti_{1/2})O_3$-modified $BiFeO_3$-$BaTiO_3$ lead-free relaxor ferroelectric ceramics within a wide temperature range[J]. Journal of the European Ceramic Society, 2017, 37(1): 413-418.

[3] YANG H, LU Z, LI L, et al. Novel $BaTiO_3$-Based, Ag/Pd-compatible lead-free relaxors with superior energy storage performance[J]. ACS Applied Materials & Interfaces, 2020, 12(39): 43942-43949.

[4] HU D, PAN Z, TAN X, et al. Optimization the energy density and efficiency of $BaTiO_3$-based ceramics for capacitor applications[J]. Chemical Engineering Journal, 2021, 409: 127375.

[5] GAO C, FENG M, WANG Q, et al. Study on dielectric property of BST based ceramics doped with $MgTiO_3$[J]. Ferroelectrics, 2016, 494(1): 76-83.

[6] TAKEDA S, ZHANG Z-G, MORIYOSHI C, et al. Structure fluctuation in Gd-and Mg-substituted $BaTiO_3$ with cubic structure[J]. Japanese Journal of Applied Physics, 2017, 56(10): 10PB10.

[7] MA C, TAN X, DUL'IN E, et al. Domain structure-dielectric property relationship in lead-free $(1-x)(Bi_{1/2}Na_{1/2})TiO_3$-$xBaTiO_3$ ceramics[J]. Journal of Applied Physics, 2010, 108(10): 104-105.

[8] HU Q, TIAN Y, ZHU Q, et al. Achieve ultrahigh energy storage performance in $BaTiO_3$-$Bi(Mg_{1/2}Ti_{1/2})O_3$ relaxor ferroelectric ceramics via nano-scale polarization mismatch and reconstruction[J]. Nano Energy, 2020, 67: 104264.

[9] XIE A, ZUO R, QIAO Z, et al. NaNbO$_3$-(Bi$_{0.5}$ Li$_{0.5}$)TiO$_3$ lead-free relaxor ferroelectric capacitors with superior energy-storage performances via multiple synergistic design [J]. Advanced Energy Materials, 2021, 11(28): 2101378.

[10] CAI Z, FENG P, ZHU C, et al. Dielectric breakdown behavior of ferroelectric ceramics: the role of pores [J]. Journal of the European Ceramic Society, 2021, 41(4): 2533-2538.

[11] LU Z, WANG G, BAO W, et al. Superior energy density through tailored dopant strategies in multilayer ceramic capacitors [J]. Energy & Environmental Science, 2020, 13(9): 2938-2948.

[12] ZOU K, DAN Y, XU H, et al. Recent advances in lead-free dielectric materials for energy storage [J]. Materials Research Bulletin, 2019, 113: 190-201.

[13] DAN Y, XU H, ZOU K, et al. Energy storage characteristics of (Pb, La)(Zr, Sn, Ti)O$_3$ antiferroelectric ceramics with high Sn content [J]. Applied Physics Letters, 2018, 113(6): 063902.

[14] LI D, SHEN Z-Y, LI Z, et al. Optimization of polarization behavior in $(1-x)$BSBNT-xNN ceramics for pulsed power capacitors [J]. Journal of Materials Chemistry C, 2020, 8(23): 7650-7657.

第 9 章 0.85(NBT-ST)-0.15LMZ 多层陶瓷电容器储能性能

通过第 7 章对于 NBT-ST 基础组分进行探索和对于 $(1-x)$(NBT-ST)-xLMZ 体系进行系统研究，结果表明 LMZ 的引入从纳米尺度调控可以提高 NBT 基陶瓷的储能性能。本章选取具有最佳储能性能的 0.85(NBT-ST)-0.15LMZ 组分作为介质层，制备多层陶瓷电容器(MLCC)。通过对烧结工艺进行优化，并对 MLCC 储能行为进行研究。图 9.1 为 0.85(NBT-ST)-0.15LMZ 多层陶瓷电容器设计思路的示意图。

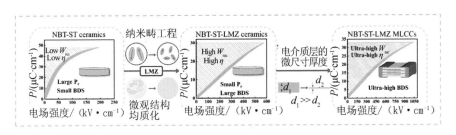

图 9.1 0.85(NBT-ST)-0.15LMZ 多层陶瓷电容器设计思路的示意图

9.1 NBT-ST-0.15LMZ 多层陶瓷电容器的微观结构

在 MLCC 中，如果电极层与介质层结合不紧密时，会在烧结后产生较大空隙，若施加较大的外加电场，会使得电容器内部直接击穿。此外，较大的空隙也会使得电极层厚度变得不均匀，介质层随之发生形变，这些因素都将影响 MLCC 最终性能[1]。因此通过对烧结温度进行调节，以此来获得优异的储能性能。如图 9.2 所示，为不同烧结温度下以三个电极层和两个介质层为主体的两层电容器结构的截面扫描图像。可以观察到,当烧结温度达到 1 050 ℃时,两者收缩率基本一致,电容器的介质层和电极层的结合十分紧密,并没有很大的空隙出现。

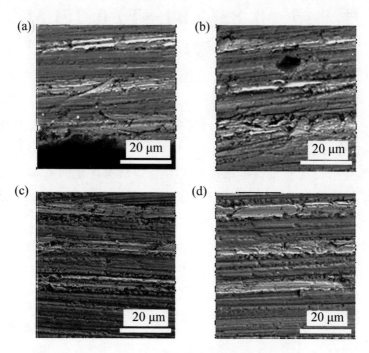

图 9.2 $x=0.15$ 的 MLCC 不同烧结温度下扫描电镜截面图
(a)$T=1\,160$ ℃;(b)$T=1\,130$ ℃;(c)$T=1\,050$ ℃;(d)$T=1\,000$ ℃

选取最佳烧结温度下 MLCC 截面对其厚度进行测试,具体如图 9.3(a)所示。此时电容器介质层的平均厚度为 12 μm,电极层的平均厚度为 4 μm,通过对介质层进行微米尺度调控,减少介质层厚度可以提高击穿强度,从而提高电容器的储能性能。对 MLCC 的断面通过能谱测试观察其元素分布,此时 O 元素和 Pt 元素分布如图 9.3(b),(c)所示。此时,Pt 电极分布良好,电极连续。这表明电极并未在电容器中发生扩散,表明在此烧结温度下电极与介质层之间能够良好匹配。

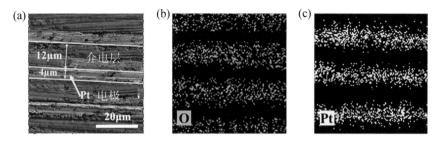

图9.3　$T=1\,050$ ℃ MLCC 扫描电镜截面图及 电极元素能谱图

9.2　NBT-ST-0.15LMZ 多层陶瓷电容器的储能性能

图 9.4 是有关 $x=0.15$ 的 MLCC 在不同烧结工艺下储能性能的示意图。图 9.4(a)为在 10 Hz 测试频率下,NBT-ST-0.15LMZ 陶瓷电容器在不同烧结温度的 P-E 电滞回线。可以看出随着烧结温度从 1 000 ℃ 增加到 1 160 ℃,电容器的饱和极化强度呈现先增加后减小的趋势,MLCC 储能效率性能也表现出相似的特点。图 9.4(b)给出了在不同烧结温度的 MLCC 对应的 W_{tot}、W_{rec} 和 η。在 1 050 ℃ 下烧结的陶瓷具有最佳的储能性能,可释放储能密度为 13.5 J/cm³。结合上述,选择 1 050 ℃ 作为本次 MLCC 的烧结温度。图 9.4(c)展示了不同烧结速率下 $x=0.15$ 时 MLCC 的 P-E 电滞回线,可以看出,在 3 ℃/min 的烧结速率下,MLCC 的饱和极化达到 33 μC/cm²,击穿场强更是达到 1 050 kV/cm。同时电滞回线呈现出纤细的形状。结合 MLCC 截面扫描图像得出,电极层与介质层的紧密结合有助于获得较高的击穿场强,这将极大程度上决定 MLCC 的储能性能。因此,烧结工艺的探索对于 MLCC 最终的储能性能有着至关重要的作用。合适的烧结温度以及烧结速率在一定程度上保证 MLCC 内外收缩一致,避免产生因结构缺陷而影响储能性能的情况出现。通过对烧结温度和升温速率的探索,确定了储能陶瓷的最佳烧结工艺,升温速率为 3 ℃/min,烧结温度为 1 050 ℃,如图 9.4(d)所示。

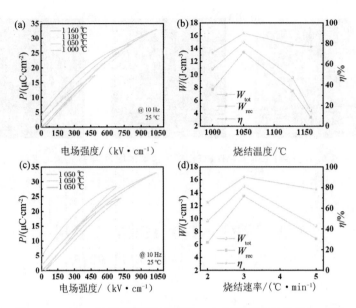

图 9.4 MLCC 在不同烧结温度下的 P-E 图和储能性能图(a,b)及在不同烧结速率下的 P-E 图和储能性能图(c,d)

图 9.5 展示了 $x=0.15$ 的 MLCC 与其他无铅 MLCC 材料的储能性能对比[2-8],可以看到如今大多数无铅 MLCC 的可释放储能密度均小于 $10~J/cm^3$。其中,性能最为优异的两种无铅 MLCC 分别采用化学包覆法制备核壳结构和使用模板生长法在 MLCC 的介质层中获择优取向来提高材料储能性能,但其制备方法过于复杂,不利于续工业化生产研究。综上所述,$x=0.15$ 时的无铅多层陶瓷电容器凭借较为简单的制备过程和优异的储能性能,表现出了巨大的实用价值。

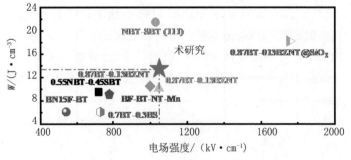

图 9.5 $x=0.15$ 的 MLCC 与其他无铅多层陶瓷电容器的储能性能比较

图 9.6 所示为 NBT-ST-0.15LMZ 陶瓷电容器储能性能的表征示意图。其中,图 9.6(a)为 NBT-ST-0.15LMZ 陶瓷电容器在室温环境,测试频率为 10 Hz 条件下,测得的不同电场强度下的 P-E 电滞回线。从图中可以看出,随着电场强度从 650 kV/cm 增加到 1 050 kV/cm,饱和极化强度达到 33 $\mu C/cm^2$,剩余极化强度仅为 2.06 $\mu C/cm^2$,NBT-ST-0.15LMZ 陶瓷电容器的 P-E 电滞回线随电场增加一直保持纤细的形状,有利于获得高储能效率。与陶瓷相比,由于介电层厚度从 60 μm 减小到 12 μm,MLCC 的 BDS 几乎是陶瓷的两倍,这表明减小介质层的厚度有助于提高 BDS 通过微米尺度进行调控的策略是可行的。与陶瓷相比,MLCC 的 P_{max} 有所下降,这是由于在介质层上下施加压应力作用时,MLCC 在加持效应作用下电畴翻转变得困难,使得极化强度有所下降[9-12]。图 9.6(b)为 NBT-ST-0.15LMZ 陶瓷电容器在不同电场强度下的可释放储能密度 W_{rec} 和储能效率 η。由图可知,随着电场强度从 650 kV/cm 增加到 1 050 kV/cm,W_{rec} 由 6.5 J/cm^3 增加到 13.5 J/cm^3,η 始终保持在 90% 以上。具有高可释放储能密度和储能效率的 NBT-SLT-0.15LMZ 陶瓷电容器有希望在脉冲功率电子应用领域中发挥重要作用。

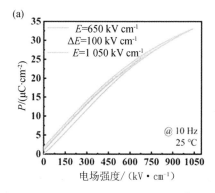
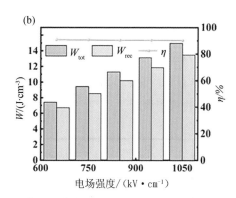

图 9.6 MLCC 在不同电场下的 P-E 电滞回线(a)及可释放储能密度和储能效率图(b)

MLCC 所应对的实际工作温度通常比室温要高很多,这要求电容器在宽温度范围内具有优异的稳定性。对 NBT-ST-0.15LMZ MLCC 在 600 kV/cm 的电场下进行温度稳定性测试,测试温度范围为 20~120 ℃,结果如图 9.7(a)所示。电容器样品在不同温度下 P-E 电滞回线始终具有较低的滞后和纤细的形状。图 9.7(b)为 MLCC 样品在 20~120 ℃ 温度范围内对应的 W_{tot}、W_{rec} 和 η 的变化。图中能清楚观察到 W_{rec} 的变化波动范围在 5% 之内，η 一直保持 90% 以上的高水平，这表明 MLCC 在该温度范围内具有良好的温度稳定性。

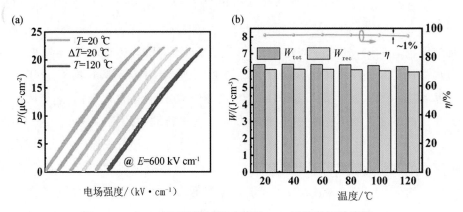

图 9.7　MLCC 在不同测试温度下的 *P-E* 图及储能性能图

此外，为应对复杂多变的使用情况，保持 MLCC 样品可靠的频率稳定性同样十分重要。图 9.8(a) 表示 NBT-ST-0.15LMZ MLCC 样品在 600 kV/cm 的电场强度下，1~100 Hz 频率范围内的 *P-E* 电滞回线。所有 *P-E* 电滞回线都保持细长的形状，这表明频率的变化对于极化差的影响极小。图 9.8(b) 表示 MLCC 对应频率的 W_{rec} 和 η。在 600 kV/cm 电场下，在 1 Hz 到 100 Hz 这一范围内，MLCC 的可释放储能密度和储能效率变化率均小于 2%，这表明 MLCC 具有优异的频率稳定性。

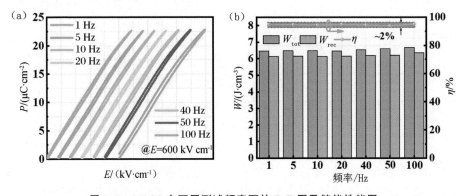

图 9.8　MLCC 在不同测试频率下的 *P-E* 图及储能性能图

与陶瓷相同，MLCC 样品的实际储能性能对于其应用也是十分重要的。为此,利用 RLC 电路对 NBT-ST-0.15LMZ MLCC 进行不同电场下的直接充放电测试。图 9.9(a),(b)表示在负载电阻为 200 Ω 时,不同电场下 MLCC 的过阻尼脉冲放电电流曲线。随着外加电场从 100 kV/cm 增加到 600 kV/cm,MLCC 的放电电流也随之增加,最终电流达到 2.6 A,此电场下电容器单层的放电密度超过 2.2 J/cm³。对于 W_{rec} 和 W_{dis} 之间的差异这主要归因于两种不同的测试方法。P-E 电滞回线是在频率为 10 Hz 或是更低的正弦波下进行测试的,测试所需的时间较长。与之不同的是,直接测试仅需要亚微秒便可以完成。对于弛豫铁电材料而言,其电畴被视作处于黏性介质中,当畴的运动方向与黏滞力方向相反时会阻碍电畴翻转[13]。此外,电畴翻转速率越快,黏滞力越大。因此,在脉冲放电系统中,外加电场的快速变化使得电畴畴壁运动,此时黏滞力增加,造成 W_{dis} 的减小。图 9.9(c)显示了 MLCC 欠阻尼脉冲放电电流曲线随时间的变化。随着外加电场的升高,电流峰的峰值也随之上升,从 100 kV/cm 电场时的 5 A 增加到 600 kV/cm 时的 32 A。此外,对应的 C_D 和 P_D 的值如图 9.9(d)所示,在 600 kV/cm 的外加电场下,C_D 和 P_D 分别达到 803 A/cm² 和 241 MW/cm³。

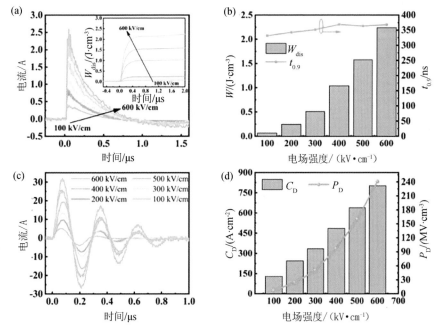

图 9.9 (a)MLCC 在不同电场下的过阻尼曲线;(b)放电流密度图;
(c)欠阻尼曲线;(d)电流密度图和功率密度图

9.3 NBT-ST-0.15LMZ 多层陶瓷电容器的抗疲劳特性

制备过程中电容器内部产生的部分结构缺陷会在累计的充放电过程中被不断放大,最终影响 MLCC 的使用寿命。因此,要求 MLCC 样品具有较强的抗疲劳特性,以此来保证稳定的充放电和较长的使用寿命。本工作利用 RLC 电路在 600 kV/cm 的外加电场和负载电阻为 200 Ω 的条件下,对 NBT-ST-0.15LMZ MLCC 样品进行抗疲劳性能测试。图 9.10 展示了 MLCC 样品在不同测试次数下的过阻尼脉冲放电电流以及对应的 W_{dis}。从图中可以观察到,经历了 105 次充放电循环之后,MLCC 样品的储能性能未产生劣化,W_{dis} 仅从 2.24 J/cm³ 降低到 1.98 J/cm³,结果表明在 10^5 次不间断充放电测试之后,MLCC 仍能保持着良好的储能性能,说明 NBT-ST-0.15LMZ MLCC 具有较高的抗疲劳韧性。

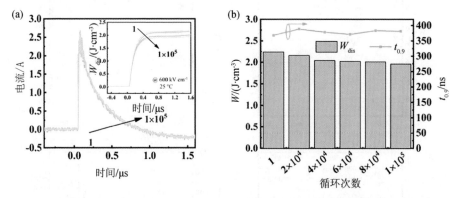

图 9.10 MLCC 在不同测试次数下的过阻尼曲线及放电流密度图

9.4 本章小结

(1)通过将介电层厚度减小到 10 μm 左右制成多层陶瓷电容器,进行多层结构构建,进一步提高介电击穿场强,为储能性能的提高产生积极的尺寸效应。

(2)通过对电容器的制备工艺和烧结工艺进一步研究和优化,确定出最佳的烧结温度和烧结速率,最终获得了性能优良的两层 MLCC,W_{rec} 可以达到 13.5 J/cm³,效率高达 90%,并且,具有很好的温度稳定性、频率稳定性和抗疲劳性。

(3)烧结温度对 MLCC 的性能影响极大,优化出最佳的烧结温度和烧结速率十分有必要,探索合适的烧结工艺提高基体与电极的适配性对于开发新型 MLCC 提供了良好的范例。

参考文献

[1] LI W B, ZHOU D, XU R, et al. BaTiO₃-based multilayers with outstanding energy storage performance for high temperature capacitor applications[J]. ACS Applied Energy Materials,2019,2(8):5499-5506.

[2] LI J, LI F, XU Z, et al. Multilayer lead-free ceramic capacitors with ultrahigh energy density and efficiency[J]. Advanced Materials, 2018, 30(32):1802155.

[3] LI J, SHEN Z, CHEN X, et al. Grain-orientation-engineered multilayer ceramic capacitors for energy storage applications[J]. Nature Materials, 2020, 19(9):999-1005.

[4] ZHAO P, WANG H, WU L, et al. High-performance relaxor ferroelectric materials for energy storage applications[J]. Advanced Energy Materials,2019,9(17):1803048.

[5] WANG H, ZHAO P, CHEN L, et al. Effects of dielectric thickness on energy storage properties of $0.87BaTiO_3$-$0.13Bi(Zn_{2/3}(Nb_{0.85}Ta_{0.15})_{1/3})O_3$ multilayer ceramic capacitors[J]. Journal of the European Ceramic Society, 2020,40(5):1902-1908.

[6] WANG D, FAN Z, ZHOU D, et al. Bismuth ferrite-based lead-free ceramics and multilayers with high recoverable energy density[J]. Journal of Materials Chemistry A,2018,6(9):4133-4144.

[7] OGIHARA H, RANDALL C A, TROLIER-MCKINSTRY S. High-energy density capacitors utilizing $0.7BaTiO_3$-$0.3BiScO_3$ ceramics[J]. Journal

of the American Ceramic Society,2009,92(8):1719-1724.

[8] ZHAO P, CAI Z, CHEN L, et al. Ultra-high energy storage performance in lead-free multilayer ceramic capacitors via a multiscale optimization strategy [J]. Energy & Environmental Science, 2020, 13(12): 4882-4890.

[9] ZHU L F, ZHAO L, YAN Y, et al. Composition and strain engineered $AgNbO_3$-based multilayer capacitors for ultra-high energy storage capacity [J]. Journal of Materials Chemistry A,2021,9(15):9655-9664.

[10] YIMNIRUN R, LAOSIRITAWORN Y, WONGSAENMAI S. Effect of uniaxial compressive pre-stress on ferroelectric properties of soft PZT ceramics [J]. Journal of Physics D: Applied Physics,2006,39(4):759-764.

[11] WU X, LU X, KAN Y, et al. Coeffect of size and stress in $Bi_{3.25}La_{0.75}Ti_3O_{12}$ thin films [J]. Applied Physics Letters,2006,89(12):759-764.

[12] KUMAZAWA T, KUMAGAI Y, MIURA H, et al. Effect of external stress on polarization in ferroelectric thin films [J]. Applied Physics Letters, 1998,72(5):608-610.

[13] XU R, TIAN J, ZHU Q, et al. Effects of phase transition on discharge properties of PLZST antiferroelectric ceramics [J]. Journal of the American Ceramic Society,2017,100(8):3618-3625.